LA BIBBIA DELL'ENERGIA SOLARE

LA GUIDA DEFINITIVA, PASSO DOPO PASSO, PER LA PROGETTAZIONE, INSTALLAZIONE E MANUTENZIONE DI IMPIANTI A ENERGIA SOLARE PER CAMPER, CABINE, BARCHE E CASE | EDIZIONE 2026

ADAM STEPHENS

Indice dei contenuti

Introduzione

Il mondo sta soffrendo una crisi che si è aggravata nel corso dell'ultimo secolo. La rivoluzione industriale ha iniziato a schiacciare l'atmosfera terrestre e i gas serra hanno distrutto i gas sicuri presenti nell'aria. Il mondo ha subito molti contraccolpi, come la scomparsa dell'ozono, che ha reso la vita sulla Terra più difficile che mai.

L'uomo è fortemente dipendente dai combustibili fossili e, con l'emergere di nuove tecnologie, questa necessità è più forte che mai. A peggiorare le cose, non solo i combustibili fossili stanno distruggendo la Terra, ma si stanno anche esaurendo. I Paesi del terzo mondo stanno diventando dipendenti dai combustibili fossili insieme al resto del mondo. Con l'avvento dei depuratori d'acqua e delle macchine per la distribuzione di massa dei prodotti, ogni sforzo utile si basa sulla dipendenza dai combustibili fossili.

Con le iniziative per dare il via a un pianeta migliore, l'idea dell'energia verde è un obiettivo comune a tutto il mondo. Non solo contribuirà a restituire salute al nostro pianeta, ma l'energia verde rappresenta anche una possibilità di energia rinnovabile. Nel caso in cui abbiate vissuto sotto una roccia, l'energia verde comporta la produzione di energia senza sostanze inquinanti. I tipi di energia rinnovabile sono l'eolico, il geotermico e l'idroelettrico, solo per citarne alcuni.

Tuttavia, ognuna di esse presenta degli ostacoli. L'energia eolica viene ricavata attraverso i mulini a vento, che sono utili solo in luoghi ventosi. Se non c'è vento, non si produce energia. L'energia geotermica utilizza il calore della Terra per creare elettricità, ma è spesso costosa e richiede un foro profondo nella Terra da cui attingere. L'energia idroelettrica è comunemente utilizzata con grandi fiumi, che però spesso scarseggiano nelle zone desertiche. Non tutte queste soluzioni sono facilmente disponibili in tutto il mondo. Tuttavia, esiste un'altra opzione disponibile, il cui utilizzo è in rapida crescita.

L'energia solare è diventata uno dei modi più comunemente accettati per produrre energia con un'impronta di carbonio minima. Invece di inviare migliaia di chili di gas serra nel cielo, le tecnologie solari utilizzano una delle nostre risorse più rinnovabili: il sole. L'energia solare non è una novità, ma i modi per sfruttarla si sono sviluppati in modo significativo nel corso degli anni.

Quindi, cosa si può fare? Con l'aumento dei materiali a prezzi accessibili, è possibile trasformare la propria casa, il camper, il furgone, l'auto o la barca in macchine che generano energia solare a una frazione del costo di dieci anni fa. Inoltre, sono disponibili più modifiche sul mercato, il che significa che i professionisti offriranno prezzi competitivi per installare i pannelli solari. Tuttavia, se siete abili e avventurosi, potete montare tutto da soli.

È comune pensare di non avere le competenze necessarie per completare il lavoro, ma non potrebbe essere più lontano dalla verità. Infatti, questo libro è stato creato per guidarvi nella realizzazione delle vostre installazioni. Questo libro non solo vi guida nella creazione della vostra installazione di pannelli solari, ma include anche prezzi medi e diagrammi per guidarvi attraverso il cablaggio e le istruzioni.

In questo libro si spiega come costruire stazioni di alimentazione solare portatili su carrelli, auto, furgoni, camper e barche. In sostanza, dovreste essere in grado di alimentare l'elettronica e caricare le batterie sulla terraferma e in mare. In teoria, potete aggiungere elettricità supplementare a qualsiasi progetto vicino o lontano; sta a voi testare questi limiti.

Perché le persone vivono off-grid?

Alcuni individui possono perseguire uno stile di vita off-grid per diversi motivi. Altre persone desiderano risparmiare sui costi della disconnessione dalla rete elettrica pubblica. Si può vivere off-grid per avere una sicurezza energetica quando si possono verificare interruzioni di corrente nella propria zona. L'energia elettrica off-grid è indipendente dalla rete pubblica e di solito proviene da fonti rinnovabili.

Esistono principalmente tre tipi di generazione di energia off-grid: eolica, solare e micro-idrica. Queste fonti di energia convertono la loro potenza in elettricità a corrente continua, a differenza della corrente alternata fornita dalle reti elettriche. Se state pensando di vivere off-grid, ecco i tre principali tipi di fonti energetiche con cui dovreste familiarizzare. La caratteristica comune e più attraente di queste fonti di energia rinnovabile è che sono rispettose dell'ambiente. Non producono alcuna impronta di carbonio. Le fonti di energia rinnovabile sono convenienti nel lungo periodo, anche se i costi iniziali di installazione possono essere molto elevati.

Energia solare

L'energia solare è di gran lunga la fonte più comune di energia rinnovabile utilizzata da molte persone che vivono off-grid. Quando si vive fuori dalla rete elettrica principale, è più conveniente prendere in considerazione l'energia solare rispetto ad altre fonti come i generatori. Quando si imposta un sistema rinnovabile off-grid, è necessario ridurre al minimo il riscaldamento e il consumo di energia. Utilizzando l'energia solare, è possibile ottenere energia sufficiente per l'illuminazione e per ricaricare gadget come tablet, computer portatili e smartphone.

L'energia solare è la fonte più pratica, poiché richiede pannelli fotovoltaici che aiutano a convertire l'energia della luce solare in elettricità. Questo sistema richiede pochissime condizioni per funzionare e può essere utilizzato in quasi tutte le parti del mondo. Tutto ciò che serve per i pannelli solari è un tempo soleggiato. Tuttavia, in altre stagioni come l'inverno, un sistema solare potrebbe non essere una fonte di energia affidabile. Inoltre, funziona perfettamente durante il giorno quando la luce solare è sufficiente. Tuttavia, è necessario affidarsi a un banco di batterie per immagazzinare l'energia da utilizzare durante le giornate nuvolose e le ore notturne.

L'accumulo di batterie è il cuore di diversi sistemi off-grid che utilizzano la corrente continua generata dal sole. Con un banco di batterie, è possibile immagazzinare l'energia generata dal sole e utilizzarla quando necessario. A seconda della qualità delle batterie scelte, quelle buone possono durare fino a cinque anni. Le batterie al piombo sono caratterizzate da cicli di carica profondi e sono comunemente utilizzate nei sistemi solari. Per garantire che l'alimentazione non venga interrotta, le batterie che contengono acido liquido richiedono una cura particolare.

Le batterie AGM (Absorbent Glass Mat) sono costose ma di facile manutenzione perché prive di liquidi. Oltre a sfruttare l'energia solare, le batterie possono essere utilizzate anche per immagazzinare l'energia prodotta da tecnologie a generazione multipla. L'energia prodotta da turbine eoliche o generatori può essere utilizzata per caricare le batterie. Se volete che le vostre batterie durino più a lungo, fate di tutto per mantenerle in condizioni perfette.

Energia eolica

L'energia eolica è un'altra fonte intelligente di energia elettrica. Una turbina è costituita da turbine mosse dal vento che fanno girare il generatore interno, producendo elettricità. L'elettricità viene poi convogliata nel sistema o può essere immagazzinata in batterie. I costi di installazione dei sistemi di generazione eolica sono generalmente inferiori a quelli dei sistemi solari.

Tuttavia, quando si sceglie questa fonte di energia, si può incontrare il problema che in alcuni luoghi non c'è molto vento. Se si vive tra molti alberi alti e altre barriere fisiche, le turbine eoliche potrebbero non essere efficaci. Un altro fattore è che se la turbina si trova in un'area particolarmente instabile ma ventosa, potrebbe non essere in grado di generare un'alimentazione continua e ininterrotta. Per funzionare stabilmente, le turbine eoliche devono essere collocate in ampi spazi aperti.

Energia micro-idrica

La generazione di energia micro-idroelettrica non è molto diversa dall'energia eolica, poiché utilizza il movimento per far girare le turbine e generare elettricità. In questo caso, è il flusso dell'acqua a far girare le turbine. Finché l'acqua scorre in quantità sufficiente, questo metodo di generazione di energia produce elettricità in modo costante. L'unico problema è che investire in questo tipo di generazione di energia è costoso. Potrebbe non essere possibile utilizzarlo per una singola abitazione.

Generatori

I generatori possono essere utilizzati per fornire energia alle persone che vivono fuori dalla rete. Ad esempio, se non vivete permanentemente fuori dalla rete, un generatore portatile può essere una buona fonte di energia. Se vivete in un camper, potreste aver bisogno di un generatore portatile per soddisfare il vostro fabbisogno energetico. Anche i generatori standby di grandi dimensioni possono fornire energia alle abitazioni non collegate alla rete elettrica principale. Tuttavia, l'utilizzo di generatori per l'alimentazione off-grid può essere costoso nel lungo periodo. Questo è il motivo principale per cui si possono prendere in considerazione le fonti di energia rinnovabili di cui sopra.

Cosa significa vivere fuori dalla rete?

Molte persone sono ossessionate dall'idea di fuggire da tutto e di "vivere fuori dalla rete". Vogliono sfuggire alla folla, al rumore, alle auto, all'inquinamento e alle continue distrazioni causate dalla tecnologia. In realtà, vivere fuori dalla rete comporta una sorta di libertà. Anche se questo modo di vivere può sembrare un concetto estraneo ad alcune persone, non lo è affatto. Nel 1845, Henry David Thoreau scrisse uno dei libri più ispirati della letteratura, Walden. Nel suo libro descrive il tipo di libertà che provava e il modo in cui lasciarsi alle spalle il mondo moderno gli permetteva di vivere la vita al massimo.

Alcune persone possono vedere questo tipo di vita con occhiali colorati di rosa, perché si può sfuggire alla società e vivere una vita semplice, come nel film Into the Wild. Oppure lo vedono come un atto di ribellione, per sfuggire al sistema con tutta la sua corruzione e oppressione. Anche se questo può sembrare estremo, non sono poche le persone che considerano lo stile di vita off-the-grid in questo modo. Per alcuni si tratta di sopravvivenza, mentre per la maggior parte riguarda il pianeta e l'ambiente. Le persone che scelgono questo stile di vita hanno le loro ragioni, ma qualunque siano, è innegabile che negli ultimi anni sia diventato sempre più popolare.

Cosa significa vivere fuori dalla rete?

Nessuna tecnologia

Scegliere di vivere senza tecnologia è molto simile a come viveva Henry David Thoreau nel 1800. Sappiamo che non c'era il tipo di tecnologia di cui disponiamo oggi, ma capite il senso. Si tratta di uno stile di vita primitivo in cui si caccia per procurarsi il cibo, si coltivano i raccolti e si utilizzano risorse indipendenti per l'acqua e il gas. Inoltre, non ci sono elettrodomestici in casa, come un frigorifero o un forno. La maggior parte delle persone che vivono questo stile di vita non hanno un lavoro tradizionale dalle 9 alle 5 e sono pensionati o lavoratori autonomi. È anche conosciuto come uno stile di vita "rude", perché è molto rude, come si può intuire dal nome. Per poter vivere in questo modo è necessario un serio impegno nei confronti dei propri principi e della propria forza di volontà. Questo stile di vita può sembrare estremo, ma funziona per alcune persone che ne sono soddisfatte. Tuttavia, se prendete in considerazione questo stile di vita, dovete pensarci bene perché rinuncerete a molto.

Un po' di tecnologia

Il roughing estremo non è per tutti, ma è possibile trovare una via di mezzo. È possibile essere fuori dalla rete pur rimanendo connessi al mondo moderno. Se alimentate la vostra casa con energia eolica o solare, avrete l'elettricità per usare la TV e accedere a Internet. Potete anche avere un'auto per andare a fare la spesa e avere un lavoro tradizionale. È uno stile di vita molto più semplice e conveniente. Così, potrete vivere la vita che avete sempre desiderato, indipendenti dalle compagnie elettriche e idriche, senza rinunciare a molto.

Non c'è un giusto o uno sbagliato quando si sceglie di vivere fuori dalla rete. Si tratta solo di scelte personali. Si può vivere fuori dalla rete ed essere comunque connessi al mondo, oppure si può essere completamente fuori dalla rete e condurre una vita "primitiva". Qualsiasi cosa vi renda felici e a vostro agio.

Ora che avete capito cosa significa vivere off the grid con le diverse opzioni offerte da questo tipo di stile di vita, vi starete chiedendo: è una buona idea? Come ogni cosa, ha i suoi vantaggi e i suoi svantaggi, e conoscerli meglio renderà la vostra decisione molto più facile.

I vantaggi di vivere fuori dalla rete

Fa bene all'ambiente

Uno dei maggiori vantaggi effettivi di una vita fuori dalla rete è rappresentato dai benefici per l'ambiente. Probabilmente avete sentito parlare molto dello stato dell'ambiente in TV e su altre piattaforme mediatiche, del riscaldamento globale e del suo impatto sul pianeta. Il riscaldamento globale è un problema molto serio. Supponiamo di non iniziare a fare dei cambiamenti concreti adesso. In questo caso, il futuro potrebbe non essere così roseo per noi nel breve periodo e per le generazioni future. L'utilizzo di risorse energetiche rinnovabili può avere un enorme impatto sulla riduzione delle emissioni di carbonio. Poiché vivere fuori dalla rete significa utilizzare energie rinnovabili come l'energia solare, questo stile di vita può ridurre il riscaldamento globale. Anche una sola persona che vive fuori dalla rete può fare una grande differenza. Quando si utilizzano energie non rinnovabili e combustibili fossili, si contribuisce a rilasciare carbonio nell'aria, quindi l'utilizzo di energia pulita può ridurre l'impronta di carbonio.

Risparmiare denaro

Elettricità, acqua e gas non sono economici. Una persona media paga più di 2.000 dollari all'anno per le bollette, ma vivere fuori dalla rete e utilizzare energia pulita può farvi risparmiare perché non dovrete mai più pagare le bollette. Si tratta di uno stile di vita relativamente economico: niente bollette, poco o niente cibo, niente feste, gadget costosi o acquisti di lusso. Vivrete uno stile di vita più economico e semplice, con un impatto positivo sull'ambiente.

Vivere ovunque

Il bello di vivere fuori dalla rete è che si può vivere ovunque. Basta chiudere gli occhi e immaginare il luogo in cui si vuole trascorrere il resto della propria vita e andare a costruirci una casa. Detto questo, prima di scegliere un posto dove costruire la vostra nuova casa, dovrete considerare alcuni aspetti. Dovreste fare qualche ricerca online o chiedere alle persone che hanno costruito case in quel luogo se è necessario ottenere un permesso. Oppure, se in quel luogo vivono solo tribù, dovrete chiedere al capo tribù. Potrebbe essere necessario un po' di pianificazione per assicurarsi che tutto sia fatto bene e sia legale, ma ne vale sicuramente la pena.

Potrete vivere la vita tranquilla e silenziosa che avete sempre sognato, lontano da vicini rumorosi e città affollate.

Autosufficienza

Se osservate la vostra vita quotidiana, vi stupirete di quanto si dipenda da tante cose. Potete comprare il cibo al supermercato o da asporto, e per cucinare usate uno dei tanti elettrodomestici che avete in casa. Vivere fuori dalla rete vi insegnerà ad essere autosufficienti, poiché potrete coltivare il vostro cibo, cacciare la carne e creare energia. Molte persone ritengono che l'autosufficienza sia un'abilità di base da apprendere nel caso in cui si esauriscano le risorse o la società collassi. Potreste pensare che sia un po' esagerato, ma dopo quello che abbiamo vissuto nel 2020, possiamo dire onestamente che tutto può accadere.

Gli svantaggi del vivere fuori dalla rete

Costi iniziali

Vivere fuori dalla rete può far risparmiare molto denaro nel lungo periodo, sottolineando "nel lungo periodo". Questo perché i pannelli solari non sono economici, soprattutto quelli che alimentano l'intera proprietà. Detto questo, molte persone considerano questi costi iniziali come un investimento. Questo perché i pannelli solari sono ancora molto più economici rispetto all'allacciamento alla rete elettrica residenziale. Inoltre, come abbiamo già detto, si risparmia molto denaro perché non si pagano più le bollette. Inoltre, sempre più persone vivono fuori dalla rete o conducono uno stile di vita ecologico, per cui la domanda di pannelli solari è aumentata. Ciò significa che ora esiste un mercato e che c'è concorrenza tra le aziende. Cosa significa tutto questo per voi? La concorrenza significa prezzi diversi e prodotti più economici.

Oltre al prezzo dell'energia solare, dovrete anche pagare per la costruzione, le attrezzature e le forniture, dato che state costruendo una nuova casa. Inoltre, bisogna considerare il costo dell'impianto idrico e del terreno. Quindi, prima di fare questo grande passo, è necessario soppesare i pro e i contro dal punto di vista finanziario e assicurarsi di avere un budget sufficiente per iniziare la nuova vita.

Configurazione e manutenzione

Il vostro nuovo impianto solare non solo vi costerà molto, ma anche la sua installazione e manutenzione può rappresentare una sfida. Richiede una pianificazione, una progettazione, una ricerca e un'installazione molto accurate. Non è come vivere in una casa normale dove tutto è già installato e collegato. Una volta che si è capito il processo di pianificazione e installazione, arriva la manutenzione. Dovrete tenere d'occhio il vostro impianto solare per assicurarvi che funzioni correttamente. Dovrete anche ricaricare le batterie e lavare regolarmente i vostri pannelli solari. È consigliabile rivolgersi a un professionista per la manutenzione annuale. Detto questo, esistono molti modelli più recenti che richiedono una manutenzione minima o nulla.

Potenza limitata

L'utilizzo dell'energia solare significa che dovrete fare attenzione all'uso dell'energia. Ciò significa che non potrete utilizzare tutti gli elettrodomestici di una volta, poiché ora avete una potenza limitata. Potreste non essere in grado di utilizzare l'aria condizionata, dovrete spegnere le luci dopo essere usciti da una stanza e liberarvi di alcuni dispositivi. Questo influirà sicuramente sul vostro stile di vita, ma dato che state già modificando la vostra vita, sarà un problema per voi? Prima di apportare qualsiasi modifica alla vostra vita, dovete considerare attentamente questo aspetto.

Solitudine

Gli esseri umani sono creature sociali per natura. Siamo stati abituati a vivere in società tra altri esseri umani. Vivere fuori dalla rete a volte può essere solitario. Potreste passare settimane o addirittura mesi senza interagire con un altro essere umano. Questo potrebbe non essere un bene per la vostra salute mentale. Anche i grandi introversi hanno bisogno di interazioni umane ogni tanto. Siete pronti ad affrontare questo tipo di solitudine? Pensateci bene. Tuttavia, se volete vivere fuori dalla rete e avere interazioni umane, abbiamo una buona notizia. Esistono infatti comunità off-the-grid in cui potete vivere lo stile di vita che desiderate da tempo senza rinunciare al contatto umano.

Prima di prendere questa grande decisione, valutate i pro e i contro e verificate se questo stile di vita è adatto a voi o meno. Se decidete che lo è, probabilmente vorrete trovare un luogo che possa ospitare la vostra nuova vita. In realtà ci sono molti Paesi che sono più aperti a uno stile di vita off-the-grid.

Vivere fuori dalla griglia

Il trasferimento fuori dalla rete consente di dipendere completamente dall'energia solare. L'efficienza dei costi e uno stile di vita ecologico hanno reso questo concetto molto accessibile in tutto il mondo.

Quando si pensa di abbandonare la rete, le persone si pongono diverse domande. I requisiti e i vantaggi sono principalmente associati a queste domande. Ecco tutte le risposte a queste domande:

Di quanta energia ho bisogno?

La domanda è valida, ma la risposta può variare a seconda del fabbisogno energetico. Una casa di medie dimensioni richiede circa 900 kWh di energia al mese, ma l'installazione intelligente di pannelli solari può ridurre questo fabbisogno energetico.

Fare un elenco degli elettrodomestici che consumano più energia

Per prima cosa, create un elenco che comprenda tutti gli apparecchi che consumano la massima energia sulla rete. Questi possono essere:

- Condizionatore d'aria
- Illuminazione
- Frigorifero
- Forno elettrico
- Asciugatrice
- Lavastoviglie
- Forno e altri

Grazie ai pannelli solari avanzati, è possibile sostituire la fonte di energia per tutti questi elettrodomestici, ma sarebbe saggio eliminare quelli che non sono così importanti nella vostra casa. Questo ci porta al prossimo punto.

Categorizzazione dei carichi spostabili "fuori rete

È possibile ottenere l'energia necessaria per far funzionare lo scaldabagno, il frigorifero, il condizionatore d'aria e altri elettrodomestici, ma dipende molto dalla quantità di energia che è possibile generare nella propria zona. Il punto cruciale è la capacità dei pannelli solari, lo spazio disponibile per l'installazione e l'esposizione alla luce solare durante l'anno. Questo vi aiuterà a conoscere la quantità totale di energia che potete generare, e quindi potrete decidere quali carichi elettrici sono più importanti da spostare dalla rete.

Fate un elenco degli elettrodomestici più piccoli

Dopo aver valutato i carichi di grandi dimensioni, pensate ai carichi più piccoli presenti in casa vostra. Questi carichi possono essere piccole luci, computer, router e altri. Anche se singolarmente sembrano a basso consumo energetico, è essenziale una valutazione complessiva.

Passare a elettrodomestici più efficienti dal punto di vista energetico

Prima di abbandonare la rete, sarebbe saggio progettare la vostra casa per l'energia solare. Ciò significa che potete scegliere elettrodomestici ad alta efficienza energetica per riprogettare il consumo energetico della vostra casa. Cambiate l'illuminazione, il sistema di riscaldamento e altri componenti dove è possibile.

Potete anche pensare di isolare il più possibile la vostra casa per ottenere la massima efficienza energetica.

Se voglio, posso restituire alla rete l'energia in eccesso?

Dipende dalla località e dal fornitore di servizi. In alcune zone è disponibile la misurazione netta. Questo metodo consente di reimmettere l'energia in eccesso nella rete (se l'impianto solare è collegato a una rete), ricevendo un credito.

Tuttavia, alcuni Stati non consentono la misurazione netta, il che significa che non è possibile scegliere di inviare l'energia in eccesso alla rete, quindi è essenziale verificare se il proprio Stato consente la misurazione netta.

Costi energetici mensili più bassi

Il risparmio energetico è probabilmente il vantaggio più significativo dell'utilizzo di energia off-grid. È vero che bisogna fare un investimento iniziale, ma l'installazione è un costo una tantum che consente di risparmiare sulle future bollette mensili.

Il risparmio varia a seconda della posizione, delle dimensioni della casa, del fabbisogno energetico e così via; tuttavia, l'installazione di pannelli solari può farvi risparmiare fino a 100 dollari al mese. La maggior parte dei pannelli di alta qualità durerà più di 20 anni, con un risparmio stimato di 20.000 dollari nella maggior parte delle grandi città.

A parte questo, se il sistema di misurazione netta è disponibile nel vostro Stato, potete utilizzarlo. Potete vendere l'energia in eccesso alla rete elettrica e risparmiare ogni mese, ma dovete rimanere collegati alla rete elettrica. Molti ritengono che la misurazione netta sia meglio che vivere completamente fuori dalla rete. In questo modo è possibile ottenere l'efficienza energetica per l'intera località, con un maggiore risparmio mensile.

In genere, la misurazione netta consente di "vendere" l'energia in eccesso alla rete come credito energetico. In questo modo, quando si ha bisogno di energia dalla rete (a causa della scarsa luce solare o di una richiesta extra di energia), non si deve pagare. I vantaggi di non abbandonare del tutto la rete e di utilizzare invece il sistema di misurazione netta sono notevoli.

Protezione contro i blackout

I blackout sono un evento comune in molte aree. Se vivete in una zona del genere, una fonte di energia off-grid può essere utile. Le luci rimangono illuminate, garantendo la sicurezza del vostro locale. Il sistema di energia solare fornirà energia alle luci, consentendo loro di funzionare ininterrottamente come desiderate.

Anche se i blackout non sono una preoccupazione, potete rilassarvi sulla disponibilità di energia. L'alimentazione di rete sarà irrilevante.

Capacità di utilizzo per diversi scopi

La varietà di fonti energetiche rende l'energia solare più vantaggiosa per tutti. L'energia solare generata dai pannelli solari può essere convertita in elettricità o calore. Tutto ciò che serve è il sistema giusto. In questo modo è possibile far funzionare i vari elettrodomestici della casa o dell'azienda senza preoccuparsi di rimanere senza corrente.

Sono necessari pochi interventi di manutenzione

I sistemi solari sono noti per richiedere poca manutenzione. È necessaria una semplice pulizia una o due volte l'anno. Naturalmente, ciò dipende dalla qualità dell'installazione iniziale. È inoltre possibile ottenere la pulizia dei pannelli solari a un prezzo ragionevole. I produttori più affidabili offrono garanzie per i loro pannelli, il che consente di evitare i costi di manutenzione per un periodo prolungato. Qualunque cosa accada ai vostri pannelli solari, il produttore coprirà i costi.

La loro manutenzione determina l'efficienza dei pannelli. Ciò include la qualità dei cavi, che trasferiscono l'energia da una parte all'altra, per cui è bene che i cavi vengano riparati regolarmente. Questo non sarà troppo costoso rispetto ai risparmi che si otterranno con l'installazione di un impianto off-grid.

Progressi consistenti

L'energia solare è il futuro del consumo energetico: tutte le grandi aziende investono nello sviluppo di tecnologie migliori in questo settore. Il passaggio all'energia solare consente di ottenere la tecnologia più moderna per la produzione di energia. La tecnologia più recente offre le migliori possibilità di utilizzo dell'energia e della potenza.

Con il progredire della tecnologia, è possibile aggiornare il proprio sistema energetico per ottenere maggiore efficacia ed efficienza. L'energia di rete tradizionale non offre questa opportunità.

Ora avete capito che il passaggio dalla rete all'energia solare presenta notevoli vantaggi. La comprensione di questi vantaggi vi aiuterà a prendere la decisione finale. Prestate molta attenzione alla qualità dello stile di vita e alle opportunità di riduzione dei costi. Potete avere la vostra fornitura di energia e risparmiare tutto l'anno.

Preparatevi ora che avete imparato tutto quello che c'è da sapere sull'energia solare e sui pannelli solari. Scegliete i pannelli più adatti, i produttori di qualità e gli eventuali fornitori di servizi. Utilizzate ciò che avete imparato per rendere il vostro consumo quotidiano di energia più efficiente ed economico. Si può iniziare determinando l'esatta quantità di energia necessaria e il costo ad essa associato. Poi si passa alla fase successiva di individuazione e installazione dei pannelli solari e degli altri componenti.

Cose da considerare prima di montare un pannello solare

- Considerate la quantità di energia di cui avete bisogno prima di scegliere una struttura off-grid.
- Qual è l'accumulo di batterie necessario per il vostro impianto solare?
- Stimare il numero di pannelli solari in grado di produrre la tensione richiesta.
- Scegliere un regolatore di carica solare.
- Acquistate un inverter per il vostro impianto solare.
- Dovrebbe esserci un equilibrio tra i sistemi (BOS).

Rilevamento del sito

Potrete anche determinare la potenza e le dimensioni con il National Renewable Energy Laboratory (NREL). Naturalmente, l'utilizzo è gratuito.

Il calcolatore PVWatts stima la quantità di elettricità che si può produrre con un impianto solare di determinate dimensioni inserendo la posizione della casa e diversi altri fattori. Tuttavia, PVWatts non può aiutarvi a misurare la pendenza del vostro tetto, l'area in cui volete installare l'impianto solare e l'azimut. Dovrete misurarli voi stessi.

Misurazione di pendenza, area e azimut

Questi tre valori sono le misure che descrivono la posizione e il posizionamento del futuro pannello solare. È necessario disporre di questi valori prima di utilizzare il calcolatore PVWatts.

Pendenza

L'angolo del tetto e la pendenza determinano l'angolo di inclinazione del pannello solare.

La pendenza del tetto è il rapporto tra la corsa orizzontale e l'altezza verticale di un determinato piano del tetto. Quindi, ad esempio, se avete sentito dire (3:12) riguardo alla pendenza del tetto, significa che il piano del tetto si alza di tre pollici su una corsa orizzontale di dodici pollici. Quando si misura la pendenza del tetto, è fondamentale essere il più sicuri e precisi possibile.

Per misurare la pendenza del tetto sono necessari alcuni strumenti:

- Una scala
- Livello
- Metro a nastro
- Matita

Ecco come misurare la pendenza del tetto in base alla geometria di un triangolo rettangolo:

1. Innanzitutto, è necessario salire sul tetto con una scala.

2. Se si dispone di un tetto con piani irregolari (non ha una superficie piana da cui misurare), è necessario creare una superficie piana con qualcosa come una tavola piatta che si estende sulle aree irregolari per ottenere una lettura accurata.

3. Con la matita, segnate un punto di dodici pollici sulla livella. (Se la vostra livella è già di dodici pollici, non dovete preoccuparvi di questa operazione. È solo per chi ha una livella più lunga).
4. Quindi, utilizzando la livella, inclinatela dall'estremità della superficie piana creata sul tetto.
5. Quindi, misurate dal segno di 12 pollici sulla livella fino alla superficie del tetto usando il nastro adesivo.
6. Il rapporto che si ottiene è la pendenza. (Ad esempio, se il metro segna tre pollici, il piano del tetto ha una pendenza di 3:12).
7. Convertire la pendenza di salita e discesa ottenuta in gradi. Ad esempio, è possibile trovare tabelle di conversione online su PVWatts (toccare la "i" nella riga "tilt (deg)" della pagina "system info"). Si può anche usare una calcolatrice scientifica. È possibile ottenere l'angolo di grado calcolando la tangente inversa del rapporto di salita/discesa. È sufficiente dividere il valore di salita per il valore di discesa e toccare il pulsante della tangente inversa sulla calcolatrice.

Se si posiziona il pannello solare a terra, è possibile utilizzare un'applicazione per la livella sul proprio smartphone. Potrebbe far parte dell'app "bussola".

Area

Sul tetto o sul terreno è disponibile spazio libero per l'installazione di pannelli solari.

Per ottenere misure facili e precise, utilizzate un metro a nastro molto lungo, di almeno sei metri. Tuttavia, se non si dispone di un metro a nastro più lungo, si può prendere un pezzo di gesso per segnare il tetto a ogni distanza misurata. Anche se potrebbe essere frustrante e stressante, il lavoro sarà portato a termine.

Ecco come misurare lo spazio disponibile sul tetto:

1. Prima di salire sul tetto per effettuare le misurazioni, fate qualche passo indietro e tracciate uno schizzo approssimativo di una semplice mappa di visualizzazione delle aree del tetto adatte ai pannelli solari.

2. Sulla mappa, annotate le relative ostruzioni e le posizioni delle penetrazioni, come camini, prese d'aria sul tetto, antenne paraboliche e tubi idraulici.

3. A questo punto è possibile salire sul tetto.

4. Misurare la lunghezza e la larghezza di ogni piano del tetto sulla mappa con il metro a nastro. Uno spazio adeguato potrebbe misurare almeno sei metri dal colmo del tetto e sei metri e mezzo da un lato all'altro. (È anche possibile installare gruppi più piccoli di pannelli solari in aree più ridotte del tetto).

5. Dall'area di installazione misurata, sottrarre 5-10 cm da ciascun colmo e bordo del tetto. Il motivo della sottrazione è quello di lasciare un piccolo margine di spazio intorno al campo.

6. Quindi, misurare la posizione esatta di tutti gli ostacoli e le penetrazioni e registrarli.

7. Misurare tutti i lati di ogni ostacolo, includendo un margine di qualche centimetro.

8. Se un ostacolo sul tetto ostruisce un'area di installazione durante le ore di massima insolazione, potrebbe essere necessario omettere l'area ombreggiata dal totale.

9. Prima di definire i piani di sistemazione del tetto, consultate le autorità locali.

Per gli impianti a terra, è necessario misurare l'area di installazione sul terreno della proprietà o del cortile.

Azimut

Ciò ha a che fare con la particolare direzione verso cui è rivolto il campo a terra o sul tetto. Ad esempio, ovest, sud, nord-ovest, ecc. sono misurati in gradi.

Come misurare l'azimut:

1. Un campo solare rivolto verso nord ha un azimut di zero gradi.
2. Un campo solare rivolto verso est ha un azimut di novanta gradi.
3. Un campo solare rivolto verso sud ha un azimut di centottanta gradi.
4. Un campo solare rivolto verso ovest ha un azimut di duecentosettanta gradi.
5. È anche possibile misurare l'azimut utilizzando un'applicazione per bussole su uno smartphone o una bussola vecchio stile.
6. Utilizzare gli smartphone è molto più facile. Perché? Perché lo smartphone si calibra da solo sulla vostra posizione, senza dover tenere conto della declinazione magnetica.

Per utilizzare un'applicazione bussola:

1. È sufficiente lanciare l'applicazione della bussola sullo smartphone.
2. Seguire le istruzioni richieste per la calibrazione.
3. Dopo aver configurato l'applicazione della bussola, posizionarsi con le spalle al tetto dove verrà posizionato il campo.
4. Quindi, tenete il telefono in mano e assicuratevi che sia direttamente davanti a voi.
5. L'applicazione della bussola fornisce l'angolo esatto di inclinazione del piano del tetto. Tale angolo è l'azimut del tetto.

6. È possibile utilizzare la bussola vecchio stile allo stesso modo. Assicuratevi solo di considerare la declinazione magnetica della vostra posizione precisa.

7. Se si prevede di montare il pannello solare a terra, è meglio che il campo sia rivolto verso sud (un azimut di centottanta gradi).

Dimensionamento del sistema con PVWatts

Ecco come utilizzare il calcolatore PVWatts per ottenere il numero di elettricità che è possibile produrre all'anno:

1. Dedicate qualche minuto al calcolatore PVWatts. È possibile accedere a questo calcolatore su questo sito (https://www.pvwatts.nrel.gov).

2. Inserite l'indirizzo di casa, la città o lo stato, quindi selezionate "Vai".

3. Nella pagina successiva, toccare la posizione sulla mappa più vicina alla propria abitazione, oppure attenersi alla posizione predefinita della propria città.

4. Quindi, fare clic sulla grande freccia arancione con l'etichetta "Vai alle informazioni di sistema".

5. Nella pagina seguente, toccare la grande freccia arancione con la dicitura "Vai al risultato PVWatts".

6. In alto viene visualizzato un numero in caratteri grandi. Il numero indica la quantità di elettricità A.C. che si potrebbe produrre all'anno nella propria località.

Facile, vero? Non è richiesta alcuna registrazione, non ci sono annunci inutili e, soprattutto, è gratuito! Le dimensioni del sistema e altri dati predefiniti sono già inseriti nella calcolatrice.

PVWatts è presumibilmente semplice all'apparenza, ma per migliorare l'accuratezza dei risultati è possibile fare molto di più. La pagina "Informazioni sul sistema" è il punto in cui inserire i dati specifici per ottenere risultati più accurati. La pagina "Informazioni sul sistema" di PVWatts comprende sei parametri di progettazione di base per il dimensionamento del vostro impianto solare fotovoltaico. Vediamo brevemente le caratteristiche. (Per vedere queste modifiche, fare clic sul pulsante "i" a destra di ciascun parametro).

Dimensione del sistema D.C.

La dimensione del sistema è la potenza nominale in corrente continua dell'intero campo solare. La dimensione predefinita del sistema su PVWatts è (4 kW). Si potrebbe utilizzare un campo di pannelli solari di (20 P.V.) con una potenza nominale di (250 watt) per ogni pannello. Per ottenere la dimensione totale dell'impianto per l'intero gruppo di pannelli, è necessario moltiplicare (20 x 250 = 5000 watt = 5 kW). In questo caso, la dimensione predefinita dell'impianto è di (4 kW); si può decidere di modificare la dimensione predefinita dell'impianto in base alla dimensione effettiva del campo di pannelli solari calcolato.

Tipo di modulo

Il parametro del tipo di modulo consente di selezionare uno dei tre tipi di pannelli solari P.V. utilizzati per ottenere risultati più accurati. È possibile scegliere tra moduli standard, convenzionali premium, a film sottile o in silicio cristallino (c-So).

Tipo di matrice

Qui è possibile selezionare il tipo di montaggio dei pannelli solari: montaggio su tetto, montaggio a terra, ecc. Qualunque sia il tipo di montaggio utilizzato, è sufficiente selezionarlo.

Perdite del sistema

Questo è il totale di tutte le piccole riduzioni di efficienza dovute alle condizioni operative reali e alle inefficienze delle apparecchiature. A causa di questi fattori, l'effettiva energia D.C. ricevuta dal sole non può essere uguale alla quantità di energia A.C. inviata nell'abitazione.

Inclinazione

L'inclinazione è l'angolo dei pannelli solari P.V., misurato in gradi.

Azimut

Una volta regolati tutti questi parametri, passare alla pagina "Informazioni sul sistema" e toccare la freccia arancione "Vai ai risultati PVWatts". Dopo aver inserito risultati più precisi, il numero ottenuto è la produzione media annua di kilowattora che ci si può aspettare con un sistema da 5 K.W., a meno che non si inseriscano dimensioni diverse, si potrebbe ottenere un risultato diverso).

La neve

I pannelli solari non producono molta elettricità quando sono coperti dalla neve. Quando cade la neve, il cielo è nuvoloso; solo così si produce energia.

Un pannello solare coperto di neve rende le cose più difficili. Se volete accelerare il processo di rimozione della neve dai pannelli, utilizzate una scopa o uno spazzolone con manico in legno che non graffi il vetro dei pannelli solari.

Quando la neve viene rimossa o si scioglie e il sole ricomincia a splendere, il pannello solare riceve nuovamente molta energia dal sole.

Errori da evitare quando si installa un impianto solare off-grid

Dimensionamento inadeguato del sistema solare

L'errore più comune è il dimensionamento errato di un impianto solare. Di solito si tratta di scorciatoie mentali e di basare i requisiti di potenza su fattori che non rappresentano con precisione la quantità di energia utilizzata. Ad esempio, si può guardare la bolletta più recente e concludere che si consuma una quantità X di energia quando, in realtà, questa quantità varia a seconda delle stagioni. Per decidere il consumo di energia è necessario considerare altri fattori, come le variazioni di temperatura del clima, il posizionamento dei pannelli e l'efficienza.

Affittare il sistema

Solo se l'impianto è di proprietà, i sistemi solari sono un buon investimento. Il leasing di un impianto solare presenta numerosi svantaggi. Innanzitutto, la regione offre agevolazioni fiscali per l'installazione di impianti solari nelle abitazioni; tuttavia, se si affitta l'impianto non se ne beneficia (le agevolazioni andrebbero al proprietario). In secondo luogo, anche se il leasing può sembrare più conveniente a livello mensile, si pagheranno interessi eccessivi. Inoltre, vi vincolerebbe a contratti che contraddicono direttamente il vostro stile di vita autosufficiente. Di conseguenza, vi consiglio di acquistare il vostro sistema e di concedervi la tranquillità che meritate.

Non pianificare in anticipo

Quando molte persone decidono di costruire un impianto solare off-grid, sbagliano a calcolare la quantità di energia che utilizzano ora e non considerano come verrà utilizzata nelle case future.

Acquisto di pannelli solari a basso costo nel tentativo di risparmiare denaro

Capisco perfettamente perché un pannello solare a basso costo possa attrarre qualsiasi cliente (anch'io adoro gli sconti). Tuttavia, bisogna sapere quando distinguere tra uno sconto e un pannello solare di bassa qualità immesso sul mercato. A causa dell'aumento della domanda di energia solare, ci sono stati alcuni nuovi operatori, molti dei quali offrono sistemi prodotti in Cina a prezzi esorbitanti.

Ignorare i termini di garanzia

Si ritiene che la durata della garanzia di un prodotto sia direttamente correlata alla fiducia che il produttore ripone nel suo prodotto nel settore solare. In altre parole, quando il periodo di garanzia è breve, si presume che il prodotto sia di scarsa qualità e abbia prestazioni scadenti. Quando acquistate prodotti solari, tenete presente questo aspetto e cercate i prodotti che durano più a lungo. Leggete i termini della garanzia e i servizi che copre. Non lasciatevi ingannare dalle garanzie sulle prestazioni che promettono la durata di vita di un prodotto in tutto il settore. Cercate una garanzia del produttore, che dovrebbe durare circa dieci anni.

Vengono utilizzati sistemi di inseguimento del sole

Molti credono che i sistemi di inseguimento solare li aiuteranno ad aumentare la quantità di energia prodotta dal loro impianto di pannelli solari. D'altra parte, l'acquisto di un sistema di inseguimento solare può essere un'altra spesa su una lista in continua espansione. Infatti, è meglio acquistare più pannelli solari ed essere proattivi rispetto alla necessità di una maggiore produzione di energia piuttosto che acquistare un inseguitore (che può aiutare o meno a "inseguire" più luce solare). Inoltre, i sistemi di inseguimento solare sono soggetti a guasti, quindi non aspettatevi che durino quanto i vostri pannelli solari.

Scegliere di non acquistare un monitor per batterie

I monitor della batteria sono dispositivi utili che forniscono informazioni vitali sullo stato e sulla salute del banco di batterie. Questo dispositivo contribuisce alla manutenzione della batteria rilevando i problemi del sistema di energia solare off-grid o i livelli attuali di potenza disponibile. Queste informazioni sono particolarmente utili a chi sta ancora imparando a conoscere l'energia solare e ha bisogno di tutta l'assistenza possibile per capire il proprio sistema di energia solare. Inoltre, il monitor della batteria misura e tiene traccia degli ampere-ora totali accumulati nel sistema, consentendo di monitorare l'utilizzo energetico di una famiglia.

Non si passa a elettrodomestici più efficienti dal punto di vista energetico

L'ultima cosa che si vuole che accada dopo aver realizzato un impianto solare off-grid completamente funzionante è l'abuso o lo spreco di energia. Si spreca energia quando si utilizzano elettrodomestici che consumano molta energia non necessaria. Modificando le vostre abitudini di vita e optando per elettrodomestici più efficienti dal punto di vista energetico, potrete risparmiare la maggior quantità di energia possibile e al tempo stesso trarre vantaggio dall'uso di dispositivi ed elettrodomestici elettronici. Un semplice cambiamento nello stile di vita può far risparmiare molta energia, come ad esempio passare alle lampadine a LED anziché a quelle a incandescenza.

Non acquistare un generatore di riserva

I generatori possono sembrare una spesa superflua quando si installa un impianto solare off-grid. Tuttavia, sono un componente essenziale del sistema, soprattutto se si è deciso di andare completamente fuori dalla rete. Uno dei motivi principali per cui le persone scelgono di andare off-grid è quello di avere la libertà di alimentare la propria casa come meglio credono. Non è possibile controllare le condizioni meteorologiche imprevedibili, ma è possibile pianificarle. Il generatore sarà utile in caso di catastrofe, che può verificarsi in qualsiasi momento. Quando si progetta un impianto solare off-grid, non si può dare per scontato che il clima sarà sempre costante e neutrale.

Mancanza di aggiornamento alle nuove tecnologie

L'industria dell'energia solare è ancora relativamente nuova, per cui vengono sempre rilasciati aggiornamenti e prodotti recenti sul mercato. Questa è una buona notizia per voi, perché vi si presentano sempre opportunità per rendere più efficiente l'impianto solare. Ciò significa anche che il possesso di un impianto solare sta diventando sempre più accessibile grazie alla domanda di prodotti solari. Tenersi aggiornati sulle nuove tecnologie vi aiuterà ad acquistare componenti più efficienti, creando un impianto solare complessivamente efficiente. Inoltre, vi farà scoprire alternative più ecologiche per la costruzione di un impianto solare, riducendo l'impronta di carbonio complessiva.

Vivere in rete e non vivere in rete

Le differenze principali tra la rete e la rete sono le pressioni e la dipendenza. Ma non sono qui per ingannarvi. Non sono un venditore scadente. Voglio informarvi. Per quanto possibile, vorrei che aveste a portata di mano le informazioni che mettono a confronto questi due stili di vita. Prima di tutto, vorrei scusarmi se mi sento prevenuto nei confronti di uno di questi stili di vita, ma è quello che sono ora.

Vivere in rete

La vita sulla rete a volte può sembrare fantastica. Probabilmente lo sembra solo per il dieci per cento delle persone, per tutto il tempo, ma dubito anche di questo. Gli altri vanno a lavorare, probabilmente fanno il loro lavoro dalle nove alle cinque e voi andate a casa.

Alcune parti della vita diventano meccaniche e senza pensieri. Si eseguono compiti e si guadagna denaro. Si è così occupati da andare a mangiare fuori il più possibile, e i soldi finiscono. Le utenze entrano in casa, i soldi escono. Aspetti gli ultimi acquisti di consumo che spuntano ogni anno a Natale, e il denaro se ne va.

In sostanza, si tratta del classico caso di economia di scala. Siete così bravi nel vostro lavoro che potete svolgerlo in modo più efficiente di altri, mentre altri sono più efficienti nel costruire prodotti, cucinare cibo o fornire servizi, quindi vengono da voi. In un certo senso si tratta di uno scambio di tempo, ma è una perdita di qualità e di significato.

Che significato ha per voi quel pasto?

Che significato ha per voi il vostro acquisto oggi? E per l'anno prossimo?

E poi cosa succede quando va via la corrente? Bisogna aspettare che qualcuno ci metta mano. Potrebbero volerci alcune ore. E se un'intera città perde l'elettricità? Potreste rimanere in attesa che vengano effettuate tutte le altre riparazioni prima di ottenere il servizio. Questo è ciò che intendo quando dico che gli Amish gestiscono le cose fuori dalla rete. Hanno ricostruito intere città con il loro sudore e il loro lavoro, invece di aspettare gli altri. Hanno riportato le loro vite alla normalità prima che la Grande Mela riaccendesse le luci.

Per continuare, cosa succede quando non si è soddisfatti di qualcosa? Il vostro acquisto si rompe o il servizio da qualche parte è pessimo. Prendete il telefono e cercate di parlare con il loro servizio clienti? No, se volete mantenere la vostra testa di capelli.

Questa è la parte meccanica. Tutto sembra distaccato e ripetitivo.

Vivere fuori dalla griglia

D'altra parte, vivere fuori dalla rete non significa tanto essere disconnessi, ma fare le cose da soli; significa assumersi la responsabilità di se stessi e non in modo monotono o pesante. Se qualcosa non funziona, è per colpa vostra. Non è così triste, perché indovinate chi può risolvere il problema? Voi!

Non dovete necessariamente vivere senza elettricità. Se volete, potete farlo, ma è una vostra scelta. Se volete ancora l'elettricità, potete produrla da soli. Non dovete negare centinaia di anni di progresso umano per vivere fuori dalla rete. Al contrario, potete produrla a distanza senza essere collegati, letteralmente, alla rete elettrica.

L'acqua corrente è più evidente perché le persone che pompano l'acqua del proprio pozzo sono più in vista. Considerando che il governo degli Stati Uniti immette il fluoro nei sistemi idrici municipali, è ovvio che molte persone sono contrarie a questa alterazione forzata dell'acqua. È sorprendente vedere quante fonti d'acqua dolce ci siano intorno a noi, ma ne parleremo più avanti.

A questo punto, dovete solo capire che tutte le cose possono essere fatte da soli, senza dover dipendere dai servizi pubblici o dalle tasse che ne derivano. Non dovete nemmeno dipendere dagli altri. Se si presenta un problema, siete voi a risolverlo.

La frustrazione diminuisce molto quando ci si rende conto di essere il problema, perché si possono risolvere i propri problemi ma non quelli degli altri.

A partire dalle utenze, però, si può fare quasi tutto da soli. La coltivazione di frutta e verdura è gestibile con un orto personale di dimensioni decenti. Inoltre, allevare una piccola quantità di bestiame è più gestibile di quanto si pensi. Inoltre, non ci si deve preoccupare delle sostanze chimiche utilizzate nell'agricoltura industriale o del modo in cui il cibo viene trattato durante la lavorazione.

A questo punto si produce fondamentalmente dalla terra. Le utenze provengono dalla zona, le colture e gli animali crescono dalla terra e il vostro rifugio è costruito proprio su di essa. Ma si può ancora andare oltre. Potete iniziare a creare le vostre abilità di... proprio questo, creare. Costruire e realizzare cose per conto proprio.

Se a questo punto state pensando: "Mi sta solo dicendo che si può fare questo senza darmi informazioni reali". Mi congratulo per la vostra attenzione.

Storia dell'energia solare

Sebbene oggi l'energia solare abbia assunto un ruolo molto importante nel nostro sforzo di produrre e utilizzare energia pulita, non è sempre stato così. Il fotovoltaico ha una lunga storia che rivela come il concetto di energia solare si sia evoluto nel corso degli anni fino al punto in cui si trova attualmente. Nel corso degli anni, il costo dell'energia solare si è ridotto e negli ultimi decenni si è ulteriormente ridotto. Ciò può essere attribuito ai progressi della tecnologia alla base degli impianti fotovoltaici e alla loro progettazione. 15 anni fa. Diamo una rapida occhiata alla storia dell'energia solare per capire a che punto siamo oggi con la tecnologia solare al silicio.

Gli albori dell'energia solare

In teoria, l'uomo sfrutta l'energia solare già dal VII secolo a.C. Tuttavia, le prime forme erano piuttosto rudimentali. Molte civiltà antiche utilizzavano una lente di ingrandimento per concentrare l'energia solare su pneumatici leggeri. I Romani e i Greci, ad esempio, usavano questi specchi solari per accendere torce a scopo religioso. Questi specchi ustori sono stati documentati anche nella civiltà cinese. Intorno al 212 a.C., Archimede, lo scienziato greco, avrebbe utilizzato le proprietà riflettenti dello scudo di bronzo per concentrare la luce solare sulle navi romane in legno e incendiarle quando assediarono Siracusa costringendola alla ritirata.

Un altro uso comune dell'energia solare nell'antichità è il concetto di "sunroom" (noto ancora oggi). Si tratta di stanze con finestre massicce progettate per concentrare la luce solare in un'area. Si ritiene che le terme romane avessero tali finestre rivolte a sud, che le rendevano essenzialmente delle stanze solari appositamente riscaldate.

Più tardi, nel 1200 d.C., si ritiene che alcune tribù di nativi americani, come gli Anasazi, abbiano costruito sulle scogliere delle abitazioni rivolte a sud, efficaci per catturare il calore del sole durante i freddi mesi invernali.

Solo nel XVI e XVII secolo si diffusero sistemi più sofisticati. Lo scienziato svizzero Horace de Saussure sviluppò il primo forno a energia solare. I pannelli solari furono inventati solo diversi anni dopo, ma questa pietra miliare segnò una svolta importante nell'applicazione dell'energia solare.

L'invenzione dei pannelli solari

È importante notare che lo sviluppo della tecnologia dei pannelli solari nella forma attuale ha richiesto il contributo di diversi scienziati nel corso degli anni. Per questo motivo, ci sono stati dibattiti e incertezze su quando i pannelli solari sono stati effettivamente creati e su chi debba essere accreditato per l'invenzione.

Molti considerano Edmond Becquerel l'inventore della cella solare. Lo scienziato francese è stato il primo a scoprire l'effetto fotovoltaico, che spiega come la generazione di elettricità possa aumentare quando due elettrodi metallici vengono posti su una soluzione conduttrice. Questa scoperta, avvenuta nel 1869, si è rivelata molto utile per lo sviluppo di celle fotovoltaiche alimentate a selenio.

Successivamente, nel 1873, Willoughby Smith scoprì il potere fotoconduttivo del selenio. Facendo leva su questa scoperta, William Grylls Adams e Richard Evans Day scoprirono il potenziale del selenio di creare elettricità con l'esposizione alla luce solare. Alcuni anni dopo, nel 1883, Charles Fritts inventò le prime celle solari realizzate con wafer di selenio e viene comunemente considerato l'inventore delle celle solari.

Il merito dell'invenzione della cella solare, così come la conosciamo oggi, è ampiamente attribuito a tre persone: Gerald Pearson, Calvin Fuller e Daryl Chapin. Oggi per produrre celle fotovoltaiche si usa il silicio e non il selenio. Questi tre scienziati hanno inventato la cella fotovoltaica nel 1954 presso il Bells Laboratory e, per la prima volta a memoria d'uomo, abbiamo potuto sfruttare i raggi del sole per alimentare i nostri dispositivi per diverse ore al giorno. Tuttavia, le prime celle solari non erano molto efficienti: convertivano la luce solare con un'efficienza del 4%. Si tratta di appena il 25% della potenza di cui sono capaci le moderne celle fotovoltaiche.

I primi pannelli solari sono stati utilizzati nello spazio per alimentare i satelliti. Nel 1958, le radio del satellite Vanguard I erano alimentate da un singolo pannello solare da un watt. Le celle solari fotovoltaiche furono utilizzate anche su altri satelliti, come lo Sputnik-3, l'Explorer e il Vanguard II e, nel 1964, la NASA alimentò la sua navicella Nimbus con una serie di array solari per un totale di 470 watt.

La prima residenza alimentata a energia solare è stata costruita nel 1973. L'Università del Delaware ha inaugurato l'edificio denominato Solar One nel 1973. Si trattava del primo caso di sistema fotovoltaico integrato in un edificio che funzionava con un ibrido di energia solare fotovoltaica e solare termica. Questo edificio non utilizzava pannelli solari, ma i pannelli solari erano integrati direttamente nel tetto.

Ma i primi pannelli solari erano ampiamente inefficienti e non potevano essere adottati immediatamente su larga scala. Tra il 1957 e il 1960 furono raggiunti importanti traguardi nell'efficienza della conversione solare. In quel periodo, Hoffman Electronics fece una vasta gamma di scoperte sull'efficienza delle celle fotovoltaiche, che segnarono una svolta importante per la tecnologia. Lo sviluppo vide un aumento record dell'efficienza delle celle solari, che passò dall'8% al 14%. Successivamente, nel 1985, l'Università del Galles del Sud raggiunse un'efficienza del 20% nelle celle solari.

Nel corso del tempo si sono registrati ulteriori miglioramenti nella progettazione delle celle fotovoltaiche, che hanno permesso di raggiungere un'efficienza di conversione più elevata. Ad esempio, nel 1999 la ricerca del National Renewable Energy Laboratory ha prodotto celle solari con un'efficienza del 33,3%. L'Università del Galles ha poi battuto questo record nel 2016, quando i ricercatori sono riusciti a raggiungere un'efficienza del 34,5%. Tuttavia, è importante notare che si trattava solo di test di laboratorio e non di produzioni su scala commerciale.

L'aumento dell'efficienza ha fatto sì che il costo dell'energia solare si riducesse nel tempo. Negli ultimi decenni, i prezzi delle celle solari fotovoltaiche sono diminuiti in modo significativo. Questo ha portato a un'impennata della domanda dei consumatori che continua a trainare il settore. Nel 2015, negli Stati Uniti sono state realizzate più di un milione di installazioni.

I pannelli solari costavano fino a 300 dollari/watt. Questa cifra è scesa a poco più di 100 dollari/watt nel 1976. In tempi più recenti, il costo di installazione di un pannello solare è ora pari a 0,50 dollari per watt. Questa riduzione dei costi e altri vantaggi dell'energia solare come fonte di energia pulita spiegano la crescente popolarità dell'energia solare come fonte di energia affidabile.

Che cos'è l'energia solare?

Nel corso degli anni, la ricerca di energia rinnovabile ha suscitato grande interesse. Fin dalla crisi energetica degli anni '70, gli scienziati hanno cercato una soluzione efficiente ed economica. Tre decenni prima, nel 1954, fu creato il primo pannello solare. Sebbene funzionasse, c'erano ancora molti problemi da risolvere, in particolare per quanto riguarda le dimensioni, l'efficienza e l'accessibilità a tutto il mondo.

Dagli anni '70, tuttavia, i costi di produzione e distribuzione dei pannelli solari sono diminuiti drasticamente. I pannelli solari sono diventati una realtà per molte famiglie in tutto il mondo. Sono diventati una delle fonti di combustibile a più alto tasso di crescita al mondo, ed è possibile creare i propri dispositivi solari mobili con semplici istruzioni da seguire.

Come funzionano i pannelli solari?

Il Sole è l'esempio più potente di fusione nel nostro sistema solare. È possibile vederne gli effetti guardando fuori dalla finestra. Già nel 1839, gli scienziati avevano scoperto che essa produce un potente agente anche qui sulla Terra. Uno scienziato francese, Edmund Becquerel, scoprì che alcuni materiali producevano energia se esposti alla luce (Knier, 2008).

Sebbene si trattasse di una scoperta scientifica, non era certo considerata una fonte di energia. In realtà, solo nel 1905 Albert Einstein formulò un teorema sull'energia fotovoltaica: la capacità di generare una corrente quando due materiali vengono esposti alla luce.

Con lo sviluppo della scienza, si è sviluppata anche la tecnologia solare. Dopo la sua nascita nel 1954, la NASA iniziò a considerare seriamente l'utilità dei pannelli solari. I pannelli solari furono presi in considerazione per i primi voli nello spazio, un'alternativa facile e accessibile ai tradizionali combustibili fossili. Convertivano l'energia dal sole senza l'ausilio di altri combustibili disponibili nello spazio. Si trattava di una svolta scientifica.

Ora i pannelli solari sono perfezionati e disponibili per chiunque. Il motivo di questo vero e proprio miracolo risiede nella riduzione delle celle solari. I pannelli solari sono più efficienti nel trasmettere la corrente che producono grazie alle batterie più piccole utilizzate.

La batteria sfrutta l'energia del sole utilizzando i fotoni: le particelle che compongono la luce. Queste particelle vengono trasmesse come risultato di una reazione nucleare. Quando i fotoni arrivano sulla Terra, in genere producono calore. È facile notarne gli effetti camminando all'aperto di giorno piuttosto che di notte.

La batteria è costituita da un materiale semiconduttore che reagisce con la luce. Quando i fotoni colpiscono il materiale, gli elettroni si legano al materiale, provocando una reazione elettrica che viene utilizzata per generare energia. Quando gli elettroni colpiscono i due lati positivo e negativo della batteria, la corrente ricevuta trasmette energia sotto forma di corrente continua. In pratica, quando il sole provoca una reazione con il materiale semiconduttore, l'energia prodotta alimenta direttamente la corrente.

Come generano energia i pannelli solari?

È già stato stabilito che l'energia solare viene creata attraverso i protoni che colpiscono la batteria di semiconduttori del pannello solare, provocando la dispersione degli elettroni e producendo una corrente. Tuttavia, questo è ancora molto lontano dal fornire energia a una macchina. Anche se i pannelli solari producono energia, difficilmente producono l'energia giusta per le nostre macchine comuni.

La corrente alternata (CA) si differenzia dalla corrente continua (CC) per il modo in cui viene erogata. Nella corrente continua, gli elettroni si muovono direttamente attraverso la corrente. La corrente alternata, la più utilizzata al mondo, richiede invece un periodo di "carica". La corrente alternata è così popolare perché è più facilmente utilizzabile nei generatori e in altri macchinari.

Anche se la corrente alternata può sembrare la via dei dinosauri a causa della dipendenza dell'elettronica moderna dalla corrente continua, essa è ancora ampiamente utilizzata nei sistemi di rete urbana e nelle automobili. Per questo motivo, è essenziale che le celle solari utilizzino un inverter per convertire l'energia CC in CA.

Inverter solari

Considerate un inverter come il capo principale dell'operazione. Lavora per creare una corrente accettabile per gli altri sistemi. Lavora attraverso il resto del sistema, immagazzinando energia dove necessario.

Per anni gli inverter centrali sono stati la moda del momento. Questo perché erano l'unico tipo di tecnologia disponibile per gli inverter in generale. Essi fungono da inverter di base per tutto il lavoro svolto da ogni pannello solare di un sistema. Ciò significa che, se in un sistema ci sono dieci pannelli solari, il compito dell'inverter centrale è quello di convertire tutta l'energia CC in energia CA. Quando il sistema diventa straordinariamente grande, l'inverter non è in grado di creare un'uscita sufficiente per il numero di celle del sistema. Il prezzo aumenta esponenzialmente se ci sono anche molti pannelli solari.

La diminuzione del prezzo delle celle solari è diventata più evidente negli ultimi anni. Ciò è dovuto ai micro-inverter. Con i micro-inverter, l'energia viene distribuita in modo più uniforme. Immaginate di lavorare in un'azienda con 500 dipendenti ma un solo capo. Il capo è in grado di gestire tutte le sfumature del lavoro, ma non può visitare ogni singolo dipendente e diffondere il patrimonio di conoscenze a tutti i dipendenti contemporaneamente. Immaginiamo ora che all'interno di un'altra azienda ci siano ancora 500 dipendenti, ma ora sono divisi in team di cinque persone. C'è un sottocapo che regola e aiuta tutti i dipendenti. Ora, applicate questo concetto alle celle solari. Se ci sono migliaia di celle solari, un sistema centrale di inverter solari sembra irrazionale. I micro-inverter nei pannelli solari fungono da mediatori per le celle solari più grandi. In questo modo, possono produrre elettricità in modo più efficiente con un numero maggiore di pannelli solari.

Scaffalatura

Anche se apparentemente è una delle parti meno importanti dell'energia solare, il collegamento di un pannello solare al suo supporto è essenziale. Se si osservano i pannelli solari montati su case o stand, si noterà che spesso sono inclinati lateralmente. Questo non è un caso. I pannelli solari sono più efficaci quando ricevono la luce solare diretta. I pannelli solari rivolti direttamente verso l'alto non ricevono la stessa quantità di luce solare di quelli leggermente inclinati.

L'equatore è l'unico luogo in cui il sole segue un percorso diretto sulla Terra. Tutte le altre posizioni sulla Terra variano al variare delle stagioni. Vivere nell'emisfero settentrionale significa che il sole sarà perennemente inclinato verso sud, mentre nell'emisfero meridionale il sole sarà perennemente inclinato verso nord. Di conseguenza, i pannelli solari orientati completamente verso l'alto non ricevono la luce solare diretta durante tutto l'anno.

Molti scelgono di montare i pannelli solari su supporti che ruotano durante il giorno. Questa tecnica garantisce un maggior tempo di esposizione diretta alla luce del sole, fornendo più energia dai pannelli solari.

La scaffalatura protegge anche il cablaggio dalle intemperie. I pannelli solari sono progettati per durare 20-25 anni, quindi è assolutamente necessario mantenere un ambiente sicuro per tutta l'elettronica. Sebbene i pannelli solari siano stati progettati per resistere alla prova del tempo grazie ai miglioramenti apportati alla resistenza agli agenti atmosferici, il resto dei loro componenti deve essere protetto dagli elementi.

Controllore di carica

I regolatori di carica moderano l'energia ricevuta dai pannelli solari. Sebbene sembri una parte superflua dell'installazione di un pannello solare, il regolatore di carica è fondamentale per mantenere regolata l'energia solare. I regolatori di carica assicurano che l'energia ricevuta dai pannelli solari sia costante, evitando sovraccarichi nelle batterie. I regolatori di carica sono gli intermediari della configurazione dell'energia solare. Quando inviano l'energia direttamente alle batterie o alla rete elettrica domestica, mantengono una corrente costante.

Immaginate una configurazione senza regolatore di carica. I pannelli solari ricevono la maggior parte dell'energia del giorno. Pertanto, l'energia che inviano alla rete elettrica è forte. Potreste vedere le lampadine brillare di energia. Tuttavia, quando il sole si sposta e non splende più direttamente sui pannelli solari, le lampadine si affievoliscono e possono sfarfallare. Allo stesso modo, se una nuvola attraversa il percorso del sole, l'energia ricevuta dalla mancanza di luce solare causerà l'affievolimento della luce.

L'energia in eccesso inviata al regolatore di carica viene opportunamente moderata e la luce diventa un flusso costante. Non si verificherebbero variazioni di energia. Pertanto, come per qualsiasi installazione, è necessario utilizzare un regolatore di carica.

Batterie

Senza luoghi di stoccaggio per l'energia solare, c'è ben poco da fare per l'energia ricevuta. L'energia ricevuta dal sole viene moderata attraverso il regolatore di carica e poi salvata nelle batterie. Oltre ai pannelli solari, le batterie sono la parte più costosa dell'impianto, quindi vanno scelte con cura. Utilizzare batterie che consentano una carica e una scarica completa. Sostituire le batterie ogni cinque anni e monitorarne l'andamento. Se mostrano segni di usura, è consigliabile sostituirle.

Di quanti pannelli solari avete bisogno?

Scoprire quanti pannelli solari sono necessari per la vostra impresa dipende molto dallo spazio, dal consumo energetico e dal numero di persone che utilizzano l'energia. Ad esempio, quando si alimenta una casa di grandi dimensioni, sono necessari più pannelli solari per compensare l'elevato volume di spazio, mentre una casa di piccole dimensioni può dimezzare questo numero. Anche le case che utilizzano una grande quantità di energia per gli elettrodomestici richiedono un numero elevato di pannelli solari. Tuttavia, se siete in viaggio e utilizzate l'elettricità solo per avviare il frigorifero, potreste averne bisogno solo pochi. Allo stesso modo, una famiglia di dieci persone avrà bisogno di un numero maggiore di pannelli solari rispetto a chi va da solo.

Calcolate la quantità di energia di cui avrete bisogno analizzando la vostra bolletta elettrica. Anche se molte persone guardano solo l'importo dovuto sulla bolletta dell'elettricità, la società elettrica elenca anche i kilowatt utilizzati. Iniziate a considerare il numero di kilowatt utilizzati in un anno per trovare la media. Quando scegliete la prossima lampadina, considerate la quantità di watt utilizzati sulla confezione. Se in casa si utilizzano 50 luci e tutte sono accese per due ore al giorno con una potenza di 50 watt ciascuna, il totale di kilowatt al giorno è di 5000.

Quindi, determinare il numero medio di giorni di sole all'anno. Se vivete a New York, probabilmente avrete meno giorni di sole rispetto a chi vive in Arizona. Il tempo gioca un ruolo importante nell'energia ricevuta dai pannelli solari. Le giornate nuvolose sono nemiche dell'energia solare. Se vivete in una zona del mondo in cui piove quasi ogni giorno, l'energia solare potrebbe non essere la scelta giusta.

Chiedete a più aziende quanti pannelli solari vi servono in base ai chilowattora di energia che utilizzate. Ottenendo più di un parere, risparmierete di più e le aziende più piccole in genere vi faranno un'offerta migliore. Se dopo un anno avete bisogno di altri pannelli solari, aggiungetene altri. Tuttavia, lasciate che siano i professionisti a guidarvi verso il numero più adatto a voi.

Poiché il sole crea una riserva quasi infinita di energia solare, è possibile alimentare l'intera Terra con la sua energia. Anche se questo è più facile a dirsi che a farsi, non significa che sia impossibile ricavare una grande quantità di energia dall'energia solare per il proprio uso personale.

Poiché i microinverter convertono l'energia solare in corrente alternata per le macchine mobili, è sempre più facile sfruttare l'energia del sole. Tutto ciò che serve è un po' di know-how per collegare tutto insieme. I regolatori di carica, le scaffalature e le batterie sono essenziali per creare una stazione di energia solare adeguata, quindi prendete il tempo necessario per analizzare i prezzi e l'efficienza di tutti i materiali.

Quando si valuta la quantità di energia solare di cui si ha bisogno, bisogna tenere presente che l'ambiente in cui si vive gioca un ruolo fondamentale nell'energia ricevuta. Non solo il tempo è un fattore importante per l'efficienza di un pannello solare, ma anche la latitudine gioca un ruolo fondamentale. Considerate una persona che vive a Nome, in Alaska, rispetto a Miami, in Florida. Supponendo che entrambi abbiano la stessa quantità di giorni di sole all'anno, la Florida otterrebbe più energia all'anno rispetto all'Alaska. Le giornate più corte e la minore quantità di luce solare diretta giocano un ruolo importante nell'efficienza solare.

La scienza dietro l'energia solare

Quando si tratta di sfruttare appieno il potenziale dell'energia solare, il punto di partenza è imparare a conoscere il funzionamento dell'energia e il modo in cui si trasforma in elettricità che utilizziamo nelle nostre case.

L'energia solare è il calore e la luce emessi dal sole sulla superficie terrestre. La maggior parte delle persone pensa che l'energia solare sia solo il calore del sole. Tuttavia, è anche la luce e la radiazione solare che proviene dal sole: maggiore è la luce e il calore del sole, maggiore è l'energia solare che tendiamo a ricevere sulla terra. La quantità di radiazioni che effettivamente raggiunge la superficie terrestre varia da luogo a luogo.

Diverse tecnologie aiutano a sfruttare questa energia: l'energia solare termica, il solare fotovoltaico, il solar design e il riscaldamento solare. Queste tecnologie sono responsabili della trasformazione del calore e della luce del sole in energia elettrica utilizzata dalla maggior parte degli apparecchi domestici.

Le due principali tecnologie di energia solare solitamente utilizzate sono il fotovoltaico (PV) e l'energia solare termica a concentrazione (CSP).

Tecnologia solare fotovoltaica

Sono i materiali e i dispositivi utilizzati principalmente per convertire la luce in elettricità. Di solito contengono celle fotovoltaiche a questo scopo, e una cella fotovoltaica può produrre uno o due watt di potenza. Poiché il sole può essere molto forte, le celle sono talvolta racchiuse tra materiali protettivi.

Per migliorare la conduzione o la capacità di uscita delle celle, a volte vengono collegate a catena per formare unità più grandi, chiamate pannelli o moduli. Questi moduli sono collegati uno per uno o molti per creare array. A loro volta, questi o molti moduli sono collegati alla rete elettrica per formare un intero sistema fotovoltaico. Questi sistemi sono personalizzabili per soddisfare praticamente qualsiasi richiesta di energia, grande o piccola che sia.

Tuttavia, gli array e i moduli sono semplicemente una parte del sistema fotovoltaico completo.

I sistemi sono inoltre costituiti da strutture di montaggio che facilitano l'esposizione dei moduli al sole e da altre parti che assorbono l'elettricità (CC) prodotta dai moduli e la convertono in energia elettrica (CA) che tendiamo a utilizzare per alimentare gli elettrodomestici nelle nostre case.

L'impianto fotovoltaico più esteso attualmente illustrato dall'uomo si trova nel Golden State, con la centrale solare fotovoltaica che produce 579 megawatt di elettricità.

Sistemi di energia solare termica

Questi sistemi raccolgono e concentrano la luce per fornire le alte temperature necessarie a creare elettricità. I sistemi hanno collettori di energia con due componenti principali: riflettori e ricevitori. I riflettori (specchi) catturano e concentrano la luce sul ricevitore, facilitando la raccolta e il trasferimento dell'energia alle turbine.

La maggior parte dei sistemi prevede un fluido di trasferimento del calore che viene solitamente riscaldato e poi fatto circolare nel ricevitore per creare vapore. A sua volta, questo vapore viene rigenerato in energia in un motore estremamente rotativo che alimenta un generatore utilizzato per produrre elettricità.

Gli impianti solari termici sono dotati di piani di inseguimento inseriti al loro interno per garantire che la luce venga indirizzata sul ricevitore nel corso della giornata, man mano che il sole cambia la sua posizione.

Questi impianti dispongono anche di un sistema di accumulo di energia termica che facilita l'accumulo di energia durante il giorno, immagazzinando l'energia per utilizzarla durante le giornate uggiose o la sera.

Il sistema di energia solare termica viene talvolta classificato in tre tipi principali di sistemi di energia solare a concentrazione: torri di energia solare, sistemi a concentrazione lineare che consistono in riflettori lineari di Fresnal e trogoli parabolici, e sistemi di parabole/motore solare.

Sistemi a concentrazione lineare

I sistemi di concentrazione lineare sono progettati per raccogliere l'energia solare sfruttando la potenza di specchi rettangolari, lunghi, curvi o a forma di "U". Questi specchi facilitano la focalizzazione dei raggi solari sui ricevitori che li attraversano.

A sua volta, la luce focalizzata riscalda un fluido che scorre all'interno dei tubi, che viene poi inviato a un dispositivo dove bolle in un generatore a turbina standard che produce elettricità.

Esistono due varietà principali di sistemi di concentratori lineari: i sistemi a riflettore lineare di Fresnel, in cui un tubo ricevitore è posizionato sopra molti altri specchi, e i sistemi a trogolo parabolico, in cui i ricevitori sono posizionati al centro del riflettore parabolico.

Una stazione di collettori a concentrazione lineare presenta talvolta diversi collettori in file parallele, generalmente posizionati con un orientamento nord-sud per un assorbimento ottimale dell'energia solare.

1: Riflettori di Fresnel lineari

Questi sistemi funzionano in modo simile ai sistemi parabolici, dove la luce viene focalizzata verso un ricevitore posto sopra gli specchi. Ciò è spesso possibile grazie alla lente di Fresnel, che presenta una distanza ridotta e un'apertura maggiore. Questi riflettori Fresnel concentrano l'energia del sole circa trenta volte l'intensità tradizionale del sole.

Esiste anche un tipo particolare di riflettori di Fresnel, chiamati riflettori di Fresnel lineari compatti, che includono diversi assorbitori all'interno degli specchi. Questi ricevitori multipli consentono agli specchi di spostare la loro inclinazione per ridurre il blocco della luce diurna dagli specchi adiacenti, riducendo così il valore e il materiale necessario.

2: Trogoli parabolici

Al contrario, i collettori parabolici hanno riflettori che focalizzano i raggi solari su un ricevitore a tubo posto al centro dei collettori conici. Questo collettore ruota con il sole mentre si sposta da est a ovest.

Grazie alla forma parabolica dei trogoli, essi concentrano l'intensità solare da trenta a cento volte quella tradizionale, con l'attitudine a fornire temperature oltre i 750° F.

Questi sistemi a tegola parabolica sono impiegati in molti degli impianti solari termici operativi più estesi del mondo. Uno di questi impianti si trova nel deserto del Mohave, nel Golden State, con una capacità elettrica netta estiva di quasi 365 MW, che lo rende uno dei più grandi impianti solari termici del mondo.

Parabola/motore solare

Questi sistemi di collettori solari funzionano quasi come l'antenna parabolica che si usa per la ricezione, dove il contenitore intrappola la luce del giorno. Per rendere la piastra più economica e conveniente, i produttori di solito abbinano specchi piatti più piccoli a forma di parabola.

Il collettore solare più utilizzato è il motore Stirling, che utilizza il fluido riscaldato dal ricevitore per spostare i pistoni e produrre energia meccanica. Questa potenza meccanica contribuisce a far funzionare uno o più generatori per fornire elettricità.

Queste parabole solari puntano direttamente verso il sole e concentrano la luce al centro del piatto. L'energia emessa dalle parabole solari è di gran lunga superiore a quella prodotta dai sistemi di concentrazione lineari con una temperatura del fluido operativo superiore a 1380°F.

Il dispositivo necessario a fornire l'elettricità è collocato al centro della parabola per massimizzare il processo di raccolta dell'energia.

Torri di energia solare

Il sistema a torre per l'energia solare utilizza numerosi specchi di forma piatta, chiamati eliostati, per riflettere e concentrare la luce su un ricevitore situato in cima a una torre. Questi sistemi possono concentrare un massimo di 1500 volte l'intensità tradizionale del calore e della luce del sole.

Alcune torri utilizzano l'acqua per la capacità del fluido di trasferimento del calore di trasportare l'energia da un luogo all'altro. Inoltre, alcuni sistemi sperimentano il sale nitrato liquefatto per le sue superiori capacità di accumulo di energia e di trasferimento di calore. Grazie alla capacità di accumulo di energia termica, questi sistemi consentono di fornire elettricità di notte o in caso di tempo nuvoloso.

Queste sono le varietà più diffuse di sistemi a energia solare che si possono trovare in giro.

I principali vantaggi dell'energia solare

Al giorno d'oggi esistono diverse fonti di energia, ma l'energia solare supera la maggior parte di esse grazie ai suoi numerosi vantaggi.

Ecco alcuni dei motivi più comuni per cui dovete prendere in seria considerazione l'energia solare per la vostra casa.

Ha basse emissioni

Rispetto ad altre fonti energetiche come i combustibili fossili, l'energia solare non emette nell'atmosfera gas nocivi o ad effetto serra, dannosi per l'ecosistema. Pertanto, contribuisce a mantenere l'ambiente più sicuro e pulito rispetto alle fonti energetiche tradizionali che emettono circa ventitré tonnellate di emissioni serra nell'atmosfera.

Questi gas sono la causa principale del riscaldamento globale e dei cambiamenti climatici e costituiscono gli agenti causali di molte malattie del metabolismo che stiamo vivendo oggi.

È infinitamente rinnovabile

Il sole è una risorsa naturale illimitata. L'energia solare è in effetti una delle fonti di energia più affidabili e sostenibili, perché può essere raccolta da qualsiasi parte del mondo senza esaurirsi.

Il sole sorge ogni giorno, quindi è garantita una fornitura inesauribile di energia solare ogni giorno. Questo è particolarmente vero se lo si confronta con il combustibile fossile, la cui quantità diminuisce ogni giorno e lo rende altamente inaffidabile in futuro.

L'energia solare è un'ottima opzione per le aree remote perché non è necessario avere una connessione attiva alla rete per generare elettricità.

L'energia solare può essere facilmente sfruttata da qualsiasi luogo del pianeta, fornendo l'energia di cui la casa ha bisogno. Questo può aumentare la qualità della vita, soprattutto per i residenti dell'Africa subsahariana.

Conserva la spesa energetica estera

L'energia solare aiuta a ridurre i costi energetici medi giornalieri e può contribuire a ridurre il costo del petrolio per la produzione di energia.

Solo gli Stati Uniti spendono 13 milioni di dollari all'ora per il petrolio proveniente dal Golfo Persico. Si tratta di un'enormità, soprattutto se si considera che ci vuole ancora più denaro per raffinare e fornire l'energia da questo petrolio.

Per quanto riguarda l'energia solare, tutto ciò che serve è l'attrezzatura necessaria e non dovrete spendere altro denaro per raccogliere le materie prime, poiché il sole è una risorsa naturale gratuita.

Ha creato nuove opportunità di lavoro

Dalla scoperta dell'energia solare, ricercatori e innovatori hanno sviluppato nuove tecnologie a questo scopo. Con la scoperta di nuove tecnologie, cresce anche l'occupazione nei settori della produzione, della ricerca, della vendita e dell'installazione.

Anche le aziende si stanno rivolgendo all'energia solare come alternativa, il che significa che sempre più persone trovano lavoro grazie all'energia solare. La generazione di energia solare è ora una materia insegnata a scuola, il che la rende una competenza tecnica che può creare percorsi di carriera per molte persone.

È economico

A parte i costi sostenuti per l'acquisto e l'installazione dei dispositivi solari, l'energia solare è quasi gratuita perché, una volta che il sistema è in funzione, non è necessario pagare le bollette energetiche ogni mese per continuare a beneficiare dell'energia solare.

Questo vi permette di risparmiare il denaro che altrimenti avreste speso per l'elettricità ogni giorno. A volte si può anche produrre così tanta energia da poterla fornire ad altri a un costo ridotto.

È affidabile

L'energia solare è molto affidabile perché, a differenza di altre fonti di energia non convenzionali, non è a rischio di potenziali guasti da parte delle società di servizi, di turbolenze economiche, di terrorismo o addirittura di bruciature dovute a un uso eccessivo.

Nessuno vi vieta di usare l'energia solare e non dovete preoccuparvi dell'inflazione dei prezzi dovuta a vari fattori. L'energia solare è costante e, sebbene la sua efficienza possa ridursi leggermente a causa dell'usura, a parte questo, potete contare su di essa per le vostre esigenze.

Poiché l'energia solare può essere immagazzinata in una batteria, è possibile utilizzarla per molte ore, anche quando è nuvoloso o di notte.

Fornisce incentivi fiscali vantaggiosi

Uno dei vantaggi più discussi dell'utilizzo dell'energia solare è l'aspetto degli incentivi fiscali.

Oggi, chi si qualifica come proprietario di un'abitazione e sceglie di dotarsi di pannelli solari può ottenere un credito d'imposta federale pari al 26% dei costi iniziali; un esempio emblematico è New York, dove è possibile ottenere un credito d'imposta di 5.000 dollari.

Questi incentivi consentono di ottenere un ritorno più rapido sull'investimento e contribuiscono all'espansione dell'industria dell'energia solare.

Aumenta il valore della proprietà

Dal momento che l'energia solare riduce le spese di gestione della casa, il valore economico dell'abitazione è destinato ad aumentare. Ecco perché le case dotate di energia solare sono più costose di quelle che ne sono prive. Questo perché la casa senza energia solare dipenderà fortemente dalla rete elettrica, che è più incerta della casa che produce la sua energia.

Inoltre, l'installazione dell'energia solare è un ottimo investimento che, se va bene, può avere un elevato ritorno in futuro.

Ha un basso costo di manutenzione

L'energia solare si crea praticamente da sola con una minima supervisione, a patto che il sistema sia ben impostato. Inoltre, grazie alle nuove tecnologie in continua crescita, la manutenzione dei pannelli solari diventa sempre più semplice.

Le nuove tecnologie solari sono dotate di garanzie, che ne rendono più conveniente la manutenzione in caso di necessità. Finché manterrete i pannelli puliti e il collegamento ben realizzato, non dovrete sostenere inutili costi di riparazione o di acquisto di nuove apparecchiature per la produzione di energia solare. Non avrete bisogno di costi aggiuntivi per il vostro sistema di energia solare per mantenerlo in funzione al meglio.

Panoramica del sistema solare off-grid

Cablaggio

La scelta del cavo giusto è un'operazione che la maggior parte delle persone dà per scontata quando si configura il proprio impianto, che si tratti dell'impianto fotovoltaico di casa o della barca, o anche dello stereo hi-fi. Ciò che non sanno è che il cablaggio è uno dei modi più comuni per migliorare l'efficienza e creare un impianto fotovoltaico migliore. Un cablaggio sbagliato non solo può ridurre l'efficienza dell'impianto, ma può anche danneggiare l'apparecchio o, peggio, costituire un rischio di incendio.

Un buon modo per iniziare è quello di avere uno schema della vostra configurazione e individuare la posizione del vostro banco di batterie. È necessario considerare la capacità dei pannelli solari e la distanza dei cavi che vanno dal campo solare al regolatore di carica solare, e poi il cablaggio che va da lì alle batterie. Sono necessari anche i cavi per collegare le batterie in parallelo. In seguito, si devono misurare i cavi per l'alimentazione in corrente continua alle prese di corrente che si ritiene debbano essere alimentate in corrente continua, e quindi collegare i cavi che vanno dalle batterie all'inverter. Da qui, ancora una volta, è necessario disporre di un cablaggio che vada da lì alle prese. Il modo per ottenere un cablaggio corretto consiste nel calcolare i carichi di picco e quelli tipici di ciascun cavo. Ad esempio, il cablaggio che va dall'inverter alla presa che alimenta l'unità di condizionamento dell'aria da 15.000 BTU deve essere di calibro inferiore (filo più spesso), in modo che la resistenza del filo sia inferiore e che all'unità vengano erogati gli ampere richiesti. I cavi possono essere costosi, quindi ottimizzate le lunghezze per le prese di cui avete bisogno.

Batterie

Ora possiamo far funzionare correttamente l'intero sistema di pannelli dopo averne completato la costruzione. Un approccio a questo scopo è quello di garantire il perfetto funzionamento sia di giorno che di notte. Ci affidiamo a fonti di energia alternative. Un altro metodo consiste nell'immagazzinare una quantità significativa di energia durante il giorno, da utilizzare poi di notte. Di conseguenza, abbiamo bisogno di un sistema di accumulo di energia per ospitare l'energia in eccesso generata dai nostri pannelli solari.

Come tutti sanno, le batterie sono un metodo conveniente per farlo. Le cose si complicano quando si parla di persone che hanno difficoltà finanziarie a causa dell'acquisto di batterie e che non si rendono conto dei vantaggi di questa strategia.

Alcuni potrebbero pensare che questi pannelli solari non forniscano abbastanza energia per aiutare l'immagazzinamento. Ciò non sembra corretto, poiché non tutti gli oggetti collegati ai pannelli solari sono operativi in ogni momento della giornata. È possibile che si sia troppo impegnati altrove o che non ci siano abbastanza persone in tutte le stanze, ad esempio. Un altro problema che emerge è la scelta delle batterie appropriate. Esistono due tipi diversi di batterie. Le batterie liquide sono state le prime a comparire. Queste batterie sono state ampiamente utilizzate per immagazzinare grandi quantità di energia quando non c'erano altre tecnologie con cui confrontarle. Furono una scoperta spettacolare per l'epoca.

Grazie ai progressi della scienza e della tecnologia, i mercati dell'energia sono ora invasi da batterie a secco, che non necessitano di alcun liquido per funzionare.

Queste batterie hanno meccanismi diversi da quelli attualmente in uso nelle batterie moderne. Hanno una capacità di accumulo molto maggiore e possono essere utilizzate molto più a lungo delle batterie tradizionali. Stanno diventando sempre più popolari perché sono più piccole, più leggere e più sicure. Tuttavia, hanno lo svantaggio di essere piuttosto costose. Questa batteria può essere utilizzata se si hanno a disposizione molti soldi da spendere. Se avete un budget limitato, potete semplicemente accontentarvi di quelle a secco. Dopotutto, non tutte le batterie liquide sono uguali, per cui è essenziale scegliere le migliori disponibili sul mercato e quelle che rientrano nella propria fascia di prezzo.

Controllore di carica

I regolatori di carica moderano l'energia ricevuta dai pannelli solari. Sebbene sembri una parte superflua dell'installazione di un pannello solare, il regolatore di carica è fondamentale per mantenere regolata l'energia solare. I regolatori di carica assicurano che l'energia ricevuta dai pannelli solari sia costante, evitando sovraccarichi nelle batterie. I regolatori di carica sono gli intermediari della configurazione dell'energia solare. Quando inviano l'energia direttamente alle batterie o alla rete elettrica domestica, mantengono una corrente costante.

Immaginate una configurazione senza regolatore di carica. I pannelli solari ricevono la maggior parte dell'energia del giorno. Pertanto, l'energia che inviano alla rete elettrica è forte. Potreste vedere le lampadine brillare di energia. Tuttavia, quando il sole si sposta e non splende più direttamente sui pannelli solari, le lampadine si affievoliscono e possono sfarfallare. Allo stesso modo, se una nuvola attraversa il percorso del sole, l'energia ricevuta dalla mancanza di luce solare causerà l'affievolimento della luce.

L'energia in eccesso inviata al regolatore di carica viene opportunamente moderata e la luce diventa un flusso costante. Non si verificherebbero variazioni di energia. Pertanto, come per qualsiasi installazione, è necessario utilizzare un regolatore di carica.

Inverter

Considerate l'inverter come il capo principale dell'operazione. Lavora per creare una corrente accettabile per gli altri sistemi. Lavora attraverso il resto del sistema, immagazzinando energia dove necessario.

Per anni gli inverter centrali sono stati la moda del momento. Questo perché erano l'unico tipo di tecnologia disponibile per gli inverter in generale. Essi fungono da inverter di base per tutto il lavoro svolto da ogni pannello solare di un sistema. Ciò significa che, se in un sistema ci sono dieci pannelli solari, il compito dell'inverter centrale è quello di convertire tutta l'energia CC in energia CA. Quando il sistema diventa straordinariamente grande, l'inverter non è in grado di creare un'uscita sufficiente per il numero di celle del sistema. Il prezzo aumenta esponenzialmente se ci sono anche molti pannelli solari.

La diminuzione del prezzo delle celle solari è diventata più evidente negli ultimi anni. Ciò è dovuto ai micro-inverter. Con i micro-inverter, l'energia viene distribuita in modo più uniforme. Immaginate di lavorare in un'azienda con 500 dipendenti ma un solo capo. Il capo è in grado di gestire tutte le sfumature del lavoro, ma non può visitare ogni singolo dipendente e diffondere il patrimonio di conoscenze a tutti i dipendenti contemporaneamente. Immaginiamo ora che all'interno di un'altra azienda ci siano ancora 500 dipendenti, ma ora sono divisi in team di cinque persone. C'è un sottocapo che regola e aiuta tutti i dipendenti. Ora, applicate questo concetto alle celle solari. Se ci sono migliaia di celle solari, un sistema centrale di inverter solari sembra irrazionale. I micro-inverter nei pannelli solari fungono da mediatori per le celle solari più grandi. In questo modo, possono produrre elettricità in modo più efficiente con un numero maggiore di pannelli solari.

Messa a terra

La messa a terra è il momento in cui le cariche elettriche del sistema P.V. vengono scaricate nel terreno. È una misura di protezione quando si lavora con qualsiasi cosa legata all'elettricità.

La differenza tra messa a terra e messa a terra

Se si mette a terra il sistema solare, si utilizza un conduttore che trasporta corrente per il processo, mentre per la terra si utilizza un conduttore che non trasporta corrente.

Il motivo principale della messa a terra dell'impianto solare è quello di trasferire a terra le cariche letali che circolano intorno all'impianto P.V. off-grid, per garantire la sicurezza dell'utente e dell'apparecchiatura. La messa a terra delle apparecchiature solari potrebbe sembrare superflua, dato che il sistema è già dotato di fusibili e sezionatori.

Tuttavia, alcune apparecchiature dovrebbero essere messe a terra. Ad esempio, il vostro pannello solare consacra una grande quantità di elettricità, quindi è ragionevole mettere a terra il pannello solare. Tuttavia, potete decidere di mettere a terra qualsiasi parte del vostro sistema solare.

Pannelli solari off-grid

Le celle solari, essendo la fonte di energia di qualsiasi sistema fotovoltaico (PV), sono un ottimo investimento. Questi dispositivi sono costruiti in silicio, che è il materiale semiconduttivo più abbondante ed economicamente interessante per la produzione di pannelli solari, grazie alla sua abbondanza e alla sua convenienza. Così come ogni altro elemento della tavola periodica è composto da elettroni, neutroni e protoni, anche il silicio è formato dagli stessi elementi. L'effetto fotoelettrico è un fenomeno fisico stabilito da Albert Einstein ed è responsabile del meccanismo che porta le celle solari a creare energia elettrica. È semplice e immediato spiegare che la fisica alla base di questo fenomeno comporta la transizione dell'energia dalla luce all'elettricità. La radiazione solare comprende un'ampia varietà di lunghezze d'onda. Sulla base di questo spettro, la radiazione solare può essere distinta in due componenti principali: gli ultravioletti e la luce visibile (più comunemente noti come calore e luce).

La zona della luce visibile contiene la gamma di lunghezze d'onda dell'energia solare che i pannelli solari possono utilizzare per generare energia. Le particelle di luce solare, note come fotoni, hanno un'energia cinetica intrinseca che le porta verso la Terra. Quando queste particelle provenienti dalla superficie del Sole raggiungono l'interfaccia di silicio della cella solare, trasmettono la loro energia cinetica agli elettroni dell'atomo di silicio. Questo trasferimento di energia fa sì che il silicio agisca come materiale conduttore, consentendo il passaggio di una modesta corrente elettrica. Senza addentrarci nella scienza, l'uscita delle celle solari può essere combinata con collegamenti in serie/parallelo per formare una struttura nota come modulo fotovoltaico. In questo modo è possibile aumentare i valori di corrente e tensione elettrica, nonché le potenze di uscita utilizzabili nelle applicazioni tipiche del mercato. L'idea di cui sopra si applica a tutti i pannelli solari.

Esistono diverse distinzioni tra i moduli fotovoltaici. Di conseguenza, possiamo classificare i pannelli solari in base alla loro tecnologia di funzionamento. Si tratta di pannelli solari rigidi (monocristallini), semi-flessibili (policristallini) e flessibili (amorfi).

I pannelli sono disponibili in diverse forme e dimensioni.

Tutte le informazioni presentate finora si applicano a tutti i pannelli solari. Ci sono alcune differenze tra i moduli fotovoltaici che vale la pena menzionare. Con efficienze di conversione comprese tra il 19 e il 22%, questi moduli offrono la maggiore efficienza di conversione dell'energia luminosa in energia elettrica sul mercato (per le marche più recenti). Di conseguenza, sono in fase di studio per l'utilizzo in una serie di applicazioni fotovoltaiche, in particolare quelle con spazio limitato per l'installazione delle celle solari. Sono più costosi a causa delle loro migliori prestazioni. Questi moduli fotovoltaici sono molto richiesti anche nel mercato dei veicoli ricreazionali (RV), delle cabine e delle imbarcazioni, perché sfruttano lo spazio disponibile per generare la massima energia elettrica. Si trovano spesso anche in una serie di applicazioni domestiche grazie alla loro accattivante colorazione nera o blu scuro. Il metodo di produzione delle celle solari monocristalline produce un bordo di forma arrotondata sul bordo esterno della cella.

La differenza tra energia solare off-grid e on-grid

Ora che avete capito cos'è l'energia solare e quali sono i suoi pro e contro, è il momento di esaminare le vostre opzioni. Il fatto che si viva fuori dalla rete non significa che l'energia solare debba essere completamente indipendente dalla rete, anche se questo è ciò che la maggior parte delle persone preferisce. Tuttavia, alcune persone che vivono fuori dalla rete non hanno problemi ad avere un collegamento alla rete elettrica. Se il concetto di energia solare rimane lo stesso, la configurazione del sistema può variare. Può essere off-grid, un sistema di alimentazione autonomo, o on-grid, legato alla rete elettrica locale della propria zona. Esistono anche sistemi ibridi.

Su rete

I sistemi solari on-grid sono probabilmente la configurazione più popolare quando si parla di energia solare, e sia le case che le aziende utilizzano questo tipo di sistema per risparmiare sulle bollette e passare a una fonte di energia più ecologica. A differenza dei sistemi di alimentazione autonomi (SAP), i sistemi solari on-grid non richiedono batterie per immagazzinare l'elettricità prodotta. Utilizzano invece inverter solari. Inoltre, i sistemi solari on-grid sono collegati alla rete elettrica pubblica, il che significa che l'energia solare prodotta in eccesso dalla vostra casa viene esportata alla rete locale in cambio di un pagamento.

Contrariamente a quanto si crede, per motivi di sicurezza i sistemi solari on-grid non funzionano durante i blackout, a differenza dei sistemi ibridi. Un blackout è spesso il risultato di danni alla rete elettrica, il che significa che sarebbe troppo rischioso per un inverter solare continuare a immettere elettricità nella rete danneggiata. Ciò comprometterebbe la sicurezza di tutti coloro che lavorano alla riparazione della rete, perché ci sarebbe corrente in essa. Con le reti ibride, invece, le batterie possono separare automaticamente il sistema solare dal resto della rete, in modo da poter continuare ad alimentare la casa con l'elettricità. È possibile aggiungere batterie a un sistema di alimentazione on-grid, ma ci sono diversi aspetti da considerare.

Quando l'elettricità raggiunge il quadro in un sistema on-grid, l'energia in eccesso passa attraverso un contatore che calcola la quantità di energia esportata o acquistata. Il funzionamento di questo processo varia da un Paese all'altro. In alcuni luoghi, l'elettricità misurata dal contatore è la quantità che si esporta verso la rete. In altri Paesi, il contatore potrebbe misurare l'intera produzione di energia solare del vostro impianto prima che raggiunga il quadro elettrico. In ogni caso, l'elettricità in eccesso esportata dal vostro impianto solare viene utilizzata dagli abitanti della vostra zona. Se invece il vostro consumo è superiore alla vostra produzione, dovrete importare energia dalla rete pubblica, pagandola.

Questo sistema è ideale per le località in cui la luce solare potrebbe non essere sufficiente durante l'anno, il che significa che la produzione di energia solare potrebbe non essere sufficiente per la vostra casa off-the-grid. In questi casi, è possibile ottenere energia dalla rete locale per compensare la differenza. Un impianto solare on-grid è una buona opzione per le grandi case che consumano troppa elettricità senza affidarsi alla rete locale a causa dei costi elevati. In questo modo, potrete coprire la maggior parte del vostro fabbisogno energetico utilizzando l'energia solare e, quando questa non sarà sufficiente, coprirete il resto utilizzando l'energia della rete locale.

Oltre al risparmio sulle bollette, i sistemi on-grid presentano altri vantaggi. Sono molto facili da installare. Con questo tipo di installazione, un'azienda può risparmiare molto sulle bollette senza dover spendere una fortuna per l'investimento iniziale. Inoltre, sia che si tratti di un utente residenziale o commerciale, con le configurazioni on-grid è possibile guadagnare esportando l'energia in eccesso alla rete locale.

Fuori rete

A differenza dei sistemi on-grid, un impianto solare off-grid non è collegato alla rete pubblica, quindi necessita di batterie per immagazzinare l'elettricità prodotta dal campo solare. Il problema dei sistemi off-grid è che la progettazione deve essere fatta bene, in modo da poter fornire alla casa energia sufficiente durante tutto l'anno, anche nei periodi in cui il sole non è allo zenit. Inoltre, le batterie devono avere una capacità di accumulo sufficiente per immagazzinare tutta l'energia prodotta. La sfida più grande con i sistemi off-grid, tuttavia, è che sono molto più costosi di quelli on-grid. Ciò è dovuto principalmente ai costi elevati delle batterie e degli inverter.

Nonostante il costo elevato di questo sistema, è l'ideale per chi vuole vivere fuori dalla rete senza dipendere dalle reti elettriche pubbliche. È anche l'unica opzione per chi vive in una località remota che non ha accesso alla rete elettrica locale, come nel caso di molte persone. Le località remote possono pagare per estendere le linee elettriche dalla rete principale, ma questo costerebbe una fortuna e sarebbe sicuramente più costoso di un sistema di energia solare off-grid. Secondo le stime del Dipartimento dell'Energia degli Stati Uniti, il prezzo per estendere le linee elettriche dalla rete principale alle località remote è compreso tra i 15.000 e i 50.000 dollari per chilometro, una cifra astronomica per chi vive lontano dalla rete.

La configurazione di base di un sistema off-grid comprende pannelli solari, regolatore di carica, batterie, grid box, inverter, il bilanciamento dei componenti del sistema e la struttura di montaggio. Tuttavia, esistono diversi tipi di sistemi off-grid con alcune variazioni nei componenti, ma ne parleremo tra poco. Questa configurazione immagazzina l'energia solare durante il giorno per poterla utilizzare anche di notte ed è ideale per le zone rurali. Ciò significa che non sarete colpiti da blackout poiché non siete collegati alla rete elettrica principale, quindi qualsiasi cosa accada non influenzerà la vostra alimentazione.

Il funzionamento di un sistema solare off-grid prevede che gli elettrodomestici consumino l'elettricità generata dai pannelli solari. Una volta coperto il fabbisogno elettrico, l'energia in eccesso viene inviata a un banco di batterie. Se tutte le batterie sono piene, smettono di caricarsi. Di notte, il sistema di energia solare non funziona perché non c'è il sole, ed è allora che si utilizza l'energia immagazzinata nelle batterie per far funzionare gli elettrodomestici. Gli esperti consigliano di dotarsi di un generatore di riserva per quei periodi dell'anno in cui non si dispone di molta elettricità a causa delle nuvole. In questi casi, il generatore è necessario non solo per coprire il fabbisogno energetico, ma anche per caricare le batterie. A differenza dei sistemi on-grid, in questo caso non c'è una rete elettrica pubblica a rifornirvi di energia, quindi dovrete assolutamente considerare il generatore come un componente essenziale piuttosto che opzionale della vostra configurazione energetica off-grid.

Ibrido

I sistemi ibridi consentono di ottenere il meglio delle due opzioni sfruttando i punti di forza di ciascuna. La configurazione dell'alimentazione principale è simile a quella di un sistema off-grid, ovvero si installa un banco di batterie per immagazzinare l'energia solare in eccesso. La differenza principale, tuttavia, è che sarete anche collegati alla rete elettrica principale. Nelle giornate nuvolose o quando la batteria non è sufficiente per il vostro fabbisogno energetico, la rete entra in gioco come backup e fornisce alla vostra casa la quantità di elettricità necessaria. I sistemi ibridi sono abbastanza intelligenti da caricare le batterie durante le ore di minor costo dell'elettricità, ovvero da mezzanotte alle 6 del mattino. Ciò consente di risparmiare sulle bollette nel lungo periodo.

Esistono due modi diversi per progettare un sistema solare ibrido. Il primo è quello appena citato, che prevede l'utilizzo di un banco di batterie. Questo viene ricaricato con l'energia solare o dalla rete elettrica, a seconda dell'ora del giorno, dell'intensità della luce solare e del consumo. Esiste un consumo medio per un'abitazione tipica, ma questo consumo può aumentare durante i mesi più caldi o più afosi, quando si possono utilizzare apparecchi di riscaldamento elettrici. Il secondo approccio consiste nel consentire al sistema di esportare l'energia in eccesso verso la rete principale una volta che le batterie sono completamente cariche.

Quale sistema scegliere?

Ora che conoscete le vostre opzioni in materia di energia solare off-the-grid, potete iniziare a capire quale sia la soluzione migliore per voi. Per gli scopi di questo libro, ci concentreremo sull'energia off-grid perché è quella che la maggior parte delle persone preferisce, in quanto è l'opzione con la maggiore indipendenza e garantisce che non dovrete fare affidamento su nessuno per il vostro fabbisogno energetico. È anche la soluzione migliore per chi vive in luoghi remoti senza accesso alla rete elettrica locale. Tuttavia, se le tre opzioni sono disponibili, dovrete fare un po' di conti e capire quale sia la più adatta a voi.

Ci sono alcuni fattori da considerare prima di scegliere un sistema off-grid per la vostra casa. Il costo è ovviamente il fattore decisivo. Dopo aver calcolato i vostri carichi, dovete vedere quale di questi sistemi è il più economico nel lungo periodo. Non guardate solo all'investimento iniziale, perché potete andare in pareggio in pochi anni, indipendentemente dal costo iniziale. Un altro punto cruciale da considerare è quello dei permessi. È necessario controllare le leggi statali, provinciali e/o comunali per comprendere le normative relative all'energia solare.

In alcuni luoghi, come la California, l'installazione dei pannelli solari non può essere effettuata con il fai-da-te, ma deve essere eseguita da un professionista autorizzato. Anche se vivete fuori dalla rete elettrica e non siete collegati alla rete principale, dovete far installare i pannelli solari da un professionista autorizzato in California, altrimenti sarete soggetti a multe. In altri Stati degli USA, le leggi possono essere ancora più severe. In alcuni Stati sono previste norme severe sul tipo di materiali da utilizzare. Altri non vi permetteranno nemmeno di installare un impianto solare a meno che la vostra casa non sia di determinate dimensioni. Per questo motivo è necessario controllare l'ufficio locale della contea o almeno il sito web, in modo da essere certi di non infrangere alcuna legge. Un modo più semplice per ovviare a questo problema è quello di affidarsi a un professionista abilitato all'installazione di pannelli solari che conoscerà il tipo di permessi necessari e tutti gli altri dettagli da tenere a mente.

Se si opta per un sistema solare on-grid o ibrido, è necessario prestare attenzione anche ai permessi e alle pratiche burocratiche necessarie, in quanto è necessario ottenere autorizzazioni e approvazioni. Non è possibile assumere un elettricista e chiedergli di collegarvi alla rete elettrica. Assicuratevi quindi di essere a conoscenza delle autorizzazioni necessarie fin dall'inizio, in modo da non dover interrompere la costruzione della vostra casa isolata dalla rete elettrica a causa della burocrazia.

Tipi di sistemi di energia solare off-grids

Sistemi solari a corrente continua (DC)

L'energia in corrente continua (DC) è il tipo di energia più comunemente prodotta da fonti reali come le celle solari e le batterie. Questo tipo di energia si riferisce al flusso di elettroni in un'unica direzione ed è abbreviato in corrente continua.

Nei circuiti che utilizzano la corrente continua (DC), il flusso di carica elettrica (o, per usare un altro termine, di elettroni) è unidirezionale; a differenza della corrente alternata, la corrente continua non cambia periodicamente la direzione del flusso.

L'onda sinusoidale pura, come si vede nell'immagine sottostante, è la forma d'onda più spesso associata all'elettricità alternata.

Corrente continua (curva rossa). L'asse orizzontale misura il tempo, quello verticale la corrente o la tensione.

Quali sono le applicazioni in corrente continua più comuni?

Le celle solari, le batterie e le termocoppie sono esempi dei tipi di fonti più spesso utilizzate per generare questo tipo di elettricità.

Le applicazioni che richiedono una bassa tensione, come la ricarica delle batterie, le applicazioni automobilistiche, le applicazioni aeree e altre applicazioni a bassa tensione e a bassa corrente sono luoghi comuni in cui viene utilizzata l'energia CC. L'elettricità in corrente continua viene prodotta da tutti i pannelli solari prodotti oggi. I sistemi solari portatili e vari tipi di prodotti off-grid sono due esempi di usi comuni dell'energia in corrente continua nel settore fotovoltaico. Questi tipi di sistemi possono ridurre i costi eliminando la necessità di un inverter solare, che converte la corrente continua in corrente alternata.

Vantaggi e svantaggi della corrente continua

1. Cominciamo con la generazione. L'energia solare è un esempio di fonte energetica sostenibile e pulita che può essere utilizzata per creare corrente continua. Pertanto, non contribuisce ad alcun tipo di inquinamento. Se consideriamo l'esempio della produzione di energia elettrica a corrente alternata (CA), possiamo notare che la maggior parte dei processi coinvolti sono collegati a progetti complicati e sono suscettibili di inquinamento, come l'energia termica, l'energia nucleare, ecc.

2. Poiché la grandezza e la polarità di un'alimentazione in corrente continua sono sempre uguali, l'efficienza energetica è molto elevata. Se osserviamo l'alimentazione in c.a., possiamo notare che la grandezza varia nel tempo, il che significa che l'efficienza energetica non è pari a quella della corrente continua. Inoltre, c'è un problema di fattore di potenza, che si traduce in rumore.

3. Poiché la caratteristica di un'alimentazione in corrente continua è quella di essere continua, è la più adatta per l'uso nei circuiti elettronici. Per questo motivo, tutti i

dispositivi elettronici funzionano con una fonte di alimentazione in corrente continua.

4. Le macchine e le apparecchiature alimentate in corrente continua, come i motori e le luci, sono molto più efficienti dal punto di vista energetico rispetto a quelle alimentate in corrente alternata.

5. Poiché l'alimentazione in c.c. non ha effetti di induttanza o capacità, i circuiti in c.c. non producono rumore e hanno una perdita di potenza molto ridotta, quindi sono molto efficienti.

6. L'immagazzinamento dell'energia è un altro vantaggio significativo dell'utilizzo della corrente continua (DC). L'energia elettrica nota come corrente continua (DC) può essere immagazzinata con estrema facilità in una batteria o in un supercondensatore, mentre la corrente alternata (AC) non può essere immagazzinata.

7. Il costo della distribuzione e della trasmissione di energia in corrente continua è notevolmente inferiore a quello della distribuzione e della trasmissione di energia in corrente alternata.

8. Tutti i sistemi di comunicazione elettronica digitale, i sistemi di controllo e i progressi tecnologici contemporanei si affidano esclusivamente ad alimentatori in corrente continua anziché a fonti di alimentazione in corrente alternata.

Svantaggi della corrente continua

1. I generatori di corrente continua (DC) sono più complicati dei generatori di corrente alternata. A causa del problema della commutazione, in realtà la corrente continua non può mai essere creata a una tensione molto elevata.

2. Anche se la trasmissione e la distribuzione di energia in corrente continua sono meno complicate e meno costose rispetto alla trasmissione e alla distribuzione di

energia in corrente alternata, l'energia in corrente continua non può essere trasportata su lunghe distanze poiché non può essere aumentata o diminuita.

3. La conversione da corrente alternata a corrente continua è abbastanza semplice, ma il processo inverso, da corrente continua a corrente alternata, non solo è più difficile, ma non può nemmeno fornire risultati accurati.

4. Sebbene le macchine a corrente continua (DC) siano più efficienti dal punto di vista energetico rispetto a quelle a corrente alternata (AC), i loro processi di progettazione e funzionamento sono più complicati. Se confrontiamo, ad esempio, un motore in corrente alternata con un motore in corrente continua, possiamo notare che la progettazione di un motore in corrente alternata è molto più semplice di quella di un motore in corrente continua.

5. Poiché gli effetti di induttanza e capacità non si verificano con un'alimentazione in corrente continua, idee importanti come l'induzione elettromagnetica e la reattanza shunt non possono essere utilizzate nel mondo reale.

6. A causa della natura più complessa della loro costruzione, le macchine e i dispositivi elettrici che funzionano con alimentazione in c.c., come i motori in c.c. e gli interruttori in c.c., sono più costosi di quelli che funzionano con alimentazione in c.a..

7. Non è possibile aumentare o diminuire direttamente la tensione CC. Nel caso della corrente alternata (CA), è sufficiente un trasformatore per aumentare o diminuire la tensione, ma nel caso della corrente continua (CC) il processo è piuttosto complicato. La corrente continua (DC) deve prima essere trasformata in corrente alternata (AC) e poi la tensione deve essere aumentata o diminuita di conseguenza. Ogni volta che la tensione continua viene aumentata o diminuita, si verifica una maggiore perdita di potenza.

Sistemi a coppie AC

L'accoppiamento CA sfrutta l'alimentazione già presente nel sistema per fornire energia a un inverter/caricabatteria, che a sua volta carica il banco di batterie. Non si apporta alcuna modifica alla configurazione del sistema esistente, ma si aggiunge un inverter/caricabatteria e un banco di batterie. In caso di interruzione di corrente, il banco di batterie non deve essere molto grande, ma sufficiente per alimentare gli elettrodomestici essenziali, come la pompa di calore, il frigorifero, i componenti elettrici dell'impianto di riscaldamento, alcune luci e il caricabatterie del telefono cellulare.

Come funziona?

Il pannello dei carichi critici è un sottopannello elettrico aggiuntivo a cui può essere collegato un inverter/caricabatterie. La scatola degli interruttori è il luogo in cui si trovano i collegamenti per i circuiti più importanti. È stato inoltre realizzato un collegamento tra l'inverter e la rete. Quando l'inverter si accorge che c'è un problema con la rete, interrompe tutti i collegamenti alla rete e fornisce energia solo ai componenti cablati nel pannello dei carichi critici. In questo modo, soddisfa la condizione di non trasmettere elettricità lungo le linee, ma allo stesso tempo consente di avere energia in casa.

Se si dispone di un inverter grid-tie esistente, questo sarà collegato al pannello dei carichi critici se si dispone di un sistema solare che utilizza l'accoppiamento CA. Quando la rete è operativa, l'elettricità viene distribuita al resto dell'abitazione tramite l'inverter. L'energia in eccesso viene quindi restituita alla rete, dove viene utilizzata nello stesso modo in cui è stata utilizzata in precedenza per invertire la direzione del contatore.

Ma se si verifica un problema con la rete, l'interruttore di trasferimento si sposta nell'altra posizione, che interrompe qualsiasi connessione alla rete e si collega invece al pannello dei carichi essenziali. Poiché l'inverter grid-tie è collegato anche lì, il dispositivo riconosce immediatamente l'uscita dell'inverter come quella della rete.

Se la luce del giorno è sufficiente, l'inverter grid-tie non si spegne. Continua a caricare il banco di batterie trasmettendo l'elettricità solare a un inverter che funge anche da caricatore. Pertanto, l'utente ricava l'elettricità per i carichi più importanti dal banco di batterie, mentre i pannelli solari utilizzano le ore di luce per ricaricare le batterie. Quando l'elettricità torna alla rete, l'interruttore di trasferimento viene ripristinato e l'inverter grid-tie riprende la sua funzione di fornire energia a tutta la casa, girando il contatore nella direzione opposta.

Non utilizza il caricabatterie a tre stadi che si trova nell'ingresso CA, poiché la carica CA viene reintegrata attraverso l'uscita CA. Ogni produttore di inverter e caricabatterie ha il suo metodo per evitare che le batterie vengano sovraccaricate.

Vantaggi

- Maggiore efficienza (fino al 97% di efficacia) quando viene utilizzato per alimentare carichi di corrente alternata durante il giorno, come l'aria condizionata, le pompe della piscina e i sistemi di acqua calda.
- Costi di installazione più bassi per i sistemi più grandi con capacità superiori a 6 kW.
- Capacità di utilizzare più inverter di stringa solare in una varietà di posizioni (microgrid accoppiate in c.a.)
- I doppi ingressi MPPT sono standard negli inverter solari a stringa con una capacità di 3 kW o superiore. Ciò consente di distribuire stringhe estese di pannelli in una varietà di orientamenti e angoli di inclinazione.
- I sistemi avanzati con accoppiamento in corrente alternata possono utilizzare sia l'accoppiamento in corrente alternata che quello in corrente continua; tuttavia, questo non è possibile con alcuni tipi di batterie al litio "controllate".

Svantaggi

- Una diminuzione dell'efficienza complessiva del sistema di ricarica, che varia da circa l'85% al 90%.
- La capacità dell'inverter solare potrebbe essere limitata dalle dimensioni del caricabatterie dell'inverter (ad esempio, rapporto Victron 1:1).
- Gli inverter solari di alta qualità possono essere un po' costosi per una produzione di energia meno estesa.

Sistemi solari ibridi

I sistemi di batterie solari collegati alla rete in corrente continua (DC) sono un modo per pensare ai sistemi energetici ibridi. Sono disponibili in un'ampia varietà di design e, nella maggior parte dei casi, utilizzano un inverter ibrido o multimodale. Negli attuali inverter ibridi, il regolatore o i regolatori MPPT ad alta tensione e l'inverter/caricabatterie sono combinati in un'unica unità abitativa. Tuttavia, negli ultimi anni sono diventati più comuni i sistemi di batterie ad alta tensione (400V+). La prima generazione di inverter ibridi era compatibile con sistemi di batterie al piombo o al litio da 48V.

Batterie ad alta tensione contro batterie a bassa tensione

A differenza dei più comuni sistemi di batterie a 48 V, le batterie ad "alta tensione" dell'attuale generazione hanno un intervallo operativo compreso tra 200 e 500 V CC (con un valore nominale di 400 V). Ciò comporta diversi vantaggi, tra cui una maggiore efficienza e una riduzione delle perdite nei cavi. Ciò è possibile perché il campo solare funziona normalmente a tensioni comprese tra 300 e 600 volt, che sono del tutto paragonabili alla tensione della batteria. Rispetto alle batterie a 48 V, quelle a tensione più elevata (400 V) e gli inverter ibridi compatibili con queste batterie utilizzano sistemi di batterie al litio che funzionano tra i 120 e i 500 V.

Le batterie ad alta tensione possono essere disposte in due modi diversi:

1. Accoppiamento in corrente continua tra il campo solare e l'inverter.
2. accoppiato in CC direttamente a un inverter ibrido compatibile (come mostrato di seguito).

Le batterie ad alta tensione utilizzano convertitori DC-DC estremamente efficienti e con perdite molto ridotte, poiché la maggior parte degli impianti solari funziona ad alta tensione, spesso tra 300 e 600 volt.

Vantaggi

- Costo contenuto, ingombro ridotto e facilità di montaggio
- Ricarica delle batterie ad alta efficienza, circa il 96%.
- Alternative di batteria compatte e modulari
- Riduzione delle dimensioni dei cavi e aumento dell'efficienza nell'utilizzo di batterie ad alta tensione.
- È possibile adattare "alcuni" impianti solari già esistenti alla nuova tecnologia.
- Oggi il mercato offre un numero crescente di inverter ibridi.

Svantaggi

- Alcuni sistemi non possono servire come fonte secondaria di elettricità.
- Durante un blackout, il ritardo per molti sistemi dotati di backup varia da tre a cinque secondi.

- Poiché gli inverter ibridi senza trasformatore hanno un basso valore di sovratensione e non prevedono il controllo del generatore, questi sistemi non sono adatti all'uso in siti off-grid in generale.

Sistemi di backup a batteria

Le batterie CA, note anche come batterie collegate alla rete, sono in realtà uno sviluppo relativamente recente nel campo dell'accumulo di batterie per le abitazioni collegate alla rete elettrica. Queste batterie consentono di collegare rapidamente le batterie con corrente alternata a un sistema solare nuovo o esistente. Le batterie CA sono costituite da moduli di batterie al litio, da un inverter/caricabatterie e da un sistema di gestione delle batterie (BMS), tutti riuniti in un unico dispositivo semplice e di dimensioni ridotte. Questa unità può essere facilmente collegata alla maggior parte delle abitazioni.

Questi sistemi sono in genere destinati solo alle abitazioni collegate alla rete e non a quelle off-grid, perché gli inverter (privi di trasformatore) non sono in genere sufficientemente potenti per far funzionare un'abitazione completamente off-grid e non sono in grado di gestire i picchi di carico di una serie di elettrodomestici. Le case collegate alla rete sono case collegate alla rete elettrica.

Vantaggi

- Installazione semplice; può essere installato in un secondo momento in case già dotate di pannelli solari.
- Un metodo economico per l'aggiunta di accumulatori di energia
- In genere, è facile da installare in nuove sedi.
- Un sistema espandibile con componenti modulari

Svantaggi

- Minore efficienza come risultato del processo di conversione (da CC a CA e di nuovo a CC) - circa il 90%.
- Alcuni tipi di batterie CA non sono in grado di svolgere il ruolo di alimentazione di riserva.
- L'uso dell'installazione off-grid non è tipicamente supportato dal progetto.

Cose da tenere in considerazione

Per la maggior parte delle persone, la preoccupazione principale nel dotarsi di un impianto a energia solare per la propria casa o azienda è il costo. Anche se i prezzi dei pannelli solari e degli altri accessori sono scesi negli ultimi anni, si tratta comunque di un investimento non indifferente se lo si confronta con la bolletta media. Nella maggior parte dei casi, anche per le persone che utilizzano una quantità relativamente elevata di elettricità, l'energia solare può richiedere da 10 a 20 anni per essere ammortizzata. Dopodiché, l'elettricità sarà praticamente gratuita. Molte persone non si rendono conto che gran parte del costo dell'impianto solare è in realtà il costo della manodopera per l'installazione.

Il costo della manodopera è un fattore talmente importante che se doveste occuparvi voi stessi dell'installazione, potreste dimezzare il costo dell'impianto solare. Ciò significa che invece di raggiungere il pareggio in 10 anni, potreste farlo in 5 anni e nel sesto anno utilizzereste l'elettricità gratuitamente. Sembra un'offerta molto più ragionevole per la maggior parte delle persone. Il problema è che installarlo da soli non è così facile. La parte di lavoro vera e propria, in cui si spostano i pannelli, si praticano i fori e si fissano ai telai, è relativamente semplice. Si tratta di un insieme di componenti prefabbricati che vanno semplicemente assemblati. La parte difficile è capire come installare i pannelli in modo da massimizzare la resa e minimizzare le perdite.

Ad esempio, se avete mai usato i pannelli solari per un viaggio in campeggio o se avete montato dei pannelli solari sulla vostra auto o sul vostro camper per far funzionare il frigorifero di bordo e altri dispositivi elettronici, saprete che il semplice fatto di avere il pannello sul tetto fa il suo dovere. Ma questo non significa che si stia ottenendo il massimo dal sistema. Potreste avere un pannello solare da 400 watt, ma in realtà ne ricavate solo 230 o 250 watt. Questa differenza può essere ignorata quando si tratta di un veicolo o di un impianto mobile, poiché non si utilizzano molti pannelli e non è molto conveniente avere un impianto solare completamente ottimizzato su un veicolo che si sposta continuamente, cambia direzione e altitudine.

Il discorso cambia quando si devono installare pannelli solari per la propria abitazione, dove si generano migliaia di watt di energia e si utilizza questo sistema ogni giorno. Inoltre, i pannelli montati in giardino o sul tetto non si muovono e questo significa che, se il lavoro è fatto bene, si può ottenere un'efficienza fino all'80% o addirittura superiore. Se a ciò si aggiunge il fatto che le installazioni di impianti solari residenziali o commerciali possono essere estremamente costose, si vuole essere in grado di ottenere il massimo ritorno sul proprio investimento.

Per fortuna, questo è possibile e lo si può fare anche da soli con un po' di informazioni su ciò che fa funzionare un sistema solare in modo ottimale.

Vediamo alcuni degli aspetti più specifici e importanti da tenere in considerazione per ottenere il massimo dal proprio impianto solare.

Posizione

Molti hanno l'impressione che i pannelli solari debbano essere montati sul tetto e che il tetto sia il posto migliore. Se questo poteva essere vero qualche anno fa, quando esistevano solo pannelli che potevano essere montati in un modo specifico, questo concetto sta cambiando rapidamente con i più recenti tipi di pannelli. Oggi gli utenti hanno la possibilità di scegliere tra un'ampia gamma di pannelli solari che possono essere utilizzati in molti modi diversi.

Oggi, ad esempio, esistono pannelli solari a forma di vetro di finestra, alcuni dei quali sono completamente trasparenti, proprio come una vera finestra. Questi pannelli possono essere installati al posto delle normali finestre in vetro e consentono di risparmiare spazio sul tetto per altri scopi. Sebbene la versione completamente trasparente sia leggermente più costosa, è possibile trovare opzioni più economiche che non sono completamente trasparenti e che offrono un po' più di privacy e producono elettricità.

Allo stesso modo, è possibile procurarsi dei teli per pannelli solari. Questi hanno l'aspetto di un grande foglio di plastica arrotolato e possono essere stesi ovunque si voglia. Sebbene siano molto popolari nelle applicazioni mobili, possono essere utilizzati in modo molto efficiente anche per scopi residenziali. Tutto ciò che serve è un po' di spazio e non ci si deve preoccupare di creare cornici solide e di montare effettivamente un pannello solare sul tetto. Inoltre, è possibile acquistare molte luci già dotate di pannelli solari incorporati. Di solito si tratta di luci esterne che vengono montate all'esterno di un edificio, ma questa soluzione vi risparmia il fastidio di dover installare una luce e poi collegarla al quadro elettrico, dove può attingere energia dai pannelli solari sopraelevati. Tutto ciò che si deve fare con queste luci è posizionarle all'esterno e accenderle. Quando la luce si carica durante il giorno, si accende di notte quando percepisce che la luce del giorno si è affievolita, e questo è tutto. Quindi, se volete installare delle luci di sicurezza nella vostra casa, questo è un modo fantastico per risparmiare energia elettrica, dato che tendono a rimanere accese tutta la notte.

Se volete un tetto di tegole e non volete rovinarlo solo per ospitare dei pannelli solari, potete acquistare delle tegole solari. Queste tegole hanno l'aspetto di normali tegole, ma sono dotate di meccanismi di ricarica solare e generano elettricità. Se avete già installato delle tegole e state pensando di aggiornarle, questa potrebbe essere la soluzione perfetta. Vi farà risparmiare molto denaro e tempo in termini di facilità di installazione e vi darà tutti i vantaggi che desiderate da un sistema di energia solare.

Se vivete in una casa con un sottotetto, un tetto in legno o un tetto che potrebbe non sopportare il peso di un impianto solare e non volete utilizzare lo spazio per i pannelli solari, non siete obbligati a farlo. Potete sempre installare i pannelli solari a terra, nel giardino di casa o in qualsiasi altro spazio libero sufficientemente esposto alla luce solare.

Un altro ottimo modo per risparmiare spazio sul tetto è quello di optare per le versioni a energia solare di geyser e condizionatori elettrici. Un geyser solare elimina completamente la necessità di avere pannelli solari. Al contrario, le tubature solari dei geyser solari utilizzano una tecnologia simile per riscaldare l'acqua con la luce del sole, in modo da avere acqua calda tutto il giorno e molta acqua calda immagazzinata da utilizzare quando il sole tramonta. In questo modo non solo si risparmia spazio per i pannelli solari, ma si rende l'intero processo molto più efficiente e si elimina del tutto la necessità di elettricità.

Misurare lo spazio ed effettuare le regolazioni

Un fattore importante per determinare il tipo di soluzione solare più adatta alla vostra casa o alla vostra azienda è la quantità di spazio che avete a disposizione. Con un sistema off-grid, avete la possibilità di installare i pannelli in tandem con le batterie in modo da avere elettricità anche dopo l'orario di lavoro, oppure potete avere una casa puramente alimentata a energia solare in cui non avrete elettricità una volta che il sole tramonta. Se pensate di vivere permanentemente off-grid, sarà necessario avere una sorta di riserva di energia.

Per i pannelli stessi, potrebbe essere necessario anche un certo spazio per gestire tutti gli elettrodomestici, le luci e le soluzioni di ventilazione della casa. Ad esempio, se volete creare un sistema da 10 kW, che di solito è sufficiente per la maggior parte delle case residenziali, avrete bisogno di un numero sufficiente di pannelli solari per creare 10 kW di potenza. A seconda del tipo di pannelli scelti, è possibile installarli sul tetto.

I pannelli solari più comuni hanno una potenza nominale di 150W, 200W, 250W, 300W, 350W e 400W. Alcuni dei pannelli solari più recenti hanno una potenza nominale maggiore, fino a 500W. Ad esempio, se si desidera generare 10 kW da pannelli da 150 W, sono necessari circa 67 pannelli, mentre se si scelgono pannelli da 500 W, ne bastano 20. Poiché il pannello medio misura 2Ftx4Ft o 8 piedi quadrati ciascuno, si tratta di circa 540 piedi quadrati se si scelgono i pannelli da 150W contro 160 piedi quadrati se si scelgono i pannelli da 500W.

Il motivo principale per cui si sceglie di utilizzare lo spazio sul tetto è che in questo modo si può sfruttare uno spazio che altrimenti rimarrebbe intatto. Tuttavia, se avete molto terreno e non vi dispiace rinunciare a qualche centinaio di metri per installare i pannelli solari, una soluzione a terra può funzionare altrettanto bene.

L'obiettivo principale di qualsiasi tipo di installazione di pannelli solari è che tutti i pannelli ricevano una quantità sufficiente di luce solare e siano installati nella posizione migliore per sfruttare al meglio la luce solare disponibile. Se si sceglie di montare alcuni pannelli sul tetto e altri a terra, anche questo può funzionare.

In generale, maggiore è la potenza effettiva del pannello, maggiore è la tensione del pannello. Quindi, se un pannello da 150 W fornisce 8 ampere e 15 volt di potenza, un pannello con il doppio della potenza potrebbe potenzialmente fornire un po' più del doppio sia dell'ampere che della tensione.

Per la maggior parte delle abitazioni, la soluzione migliore è quella che comporta il minor numero di modifiche alla struttura della casa e quella che costa meno per l'installazione. Di solito, le soluzioni montate sul tetto sono più economiche di quelle a terra, poiché richiedono una minore quantità di strutture e di materiale per creare la struttura su cui poggeranno i pannelli. Tuttavia, in alcune situazioni, la soluzione a terra può risultare più economica. In genere, le soluzioni a palo sono le più costose da installare, ma sono anche quelle che sfruttano meglio lo spazio. Invece di avere un grande telaio su cui sono installati tutti i pannelli, è possibile avere coppie o set di quattro pannelli installati su pali. Quando si montano sul tetto, di solito si ha a disposizione una quantità fissa di spazio sul tetto. Diventa quindi necessario utilizzare pannelli di potenza maggiore per ottenere la quantità di elettricità necessaria con il minor numero di pannelli.

Regolazione dei pannelli in base al sole e all'ombra

L'unica cosa che può compromettere l'efficienza di un impianto a pannelli solari è l'ombra. Il problema non è la copertura nuvolosa. È l'ombra che si crea in presenza di elementi come camini, pali o parabole che bloccano il sole. Il problema è che ogni pannello è composto da un certo numero di moduli. Quando la luce colpisce l'intero pannello, crea una certa quantità di energia in tutto il pannello per produrre la quantità di elettricità prevista dal pannello. Se si dispone di un pannello da 500 W e l'ombra ne copre anche solo una piccola parte, l'intero pannello è limitato nella quantità di elettricità che può produrre. Se ci sono ostruzioni vicino al pannello, come ad esempio alberi, tagliateli fino a una lunghezza desiderabile o, meglio ancora, rimuoveteli del tutto.

Se sul tetto ci sono elementi che non possono essere evitati, come camini o prese d'aria, la soluzione migliore è quella di optare per una soluzione ibrida. Invece di avere tutti i pannelli sul tetto, dove alcuni potrebbero essere bloccati dall'ombra, è possibile averne alcuni sul tetto, altri installati su pali e altri ancora a terra. In questo modo è possibile sfruttare al meglio lo spazio effettivamente disponibile e garantire che tutti i pannelli lavorino al 100% dell'efficienza.

Regolazione dei pannelli in base alle dimensioni del tetto

L'altra opzione consiste nel creare un telaio in base alle dimensioni del tetto. Ad esempio, se avete a disposizione un massimo di 250 metri quadrati, dovrete scegliere un pannello con una potenza sufficiente a coprire le vostre esigenze. Un pannello medio misura 8 metri quadrati e può avere una potenza compresa tra 150W e 500W. Su un tetto con 250 metri quadrati di spazio utilizzabile, sono necessari circa 32 pannelli solari. I pannelli di potenza più bassa produrranno circa 5 kW di potenza, mentre i pannelli di potenza più elevata produrranno 16 kW di potenza. In molti casi, le persone dispongono di centinaia di metri di spazio sul tetto, ma il problema è che solo una parte dello spazio del tetto è rivolta verso il sole. Il semplice fatto che i pannelli solari siano esposti al sole non è sufficiente; è necessario che siano rivolti nella giusta direzione per produrre quanta più elettricità possibile.

Come posizionare i pannelli

Molti esperti di installazioni solari ritengono che i pannelli debbano essere rivolti verso sud, mentre altri sostengono che debbano essere rivolti verso ovest per ottenere la massima quantità di luce solare durante il giorno. Nelle case dell'emisfero settentrionale, il sole si trova nella parte meridionale del cielo per la maggior parte dell'anno. Se i pannelli sono rivolti verso sud, si assicura che siano esposti alla massima quantità di luce solare durante le ore diurne. Quando si regolano i pannelli solari per orientarli verso sud, è necessario che siano rivolti verso il Polo Sud e non verso il Sud vero o il Sud magnetico. Per le case dell'emisfero meridionale la situazione è invertita e i pannelli solari devono essere rivolti verso il Polo Nord.

Allo stesso modo, inclinare i pannelli solari verso sud tra i 30 e i 40 gradi aiuta a far sì che la luce colpisca il pannello con la massima intensità, poiché crea un angolo perpendicolare. Se la luce colpisce il pannello con un angolo perpendicolare, si produce la massima quantità di elettricità possibile. L'angolo di installazione dei pannelli solari varia e la regola generale è quella di mantenere l'angolo del pannello solare uguale alla latitudine geografica; in alcuni casi, quindi, l'angolo può arrivare fino a 50 gradi.

L'angolo di inclinazione corretto aiuta anche a ridurre la quantità di sporco, detriti o neve che si accumulano sui pannelli. In alcuni casi, la neve o i fattori ambientali possono bloccare completamente la luce. Una buona inclinazione dei pannelli aiuta la neve a scivolare via e fa sì che la polvere si accumuli più lentamente rispetto a una superficie completamente piana o più inclinata.

In alcuni scenari, gli esperti ritengono che il pannello solare debba essere rivolto verso sud-ovest. Questo perché in alcune regioni, come i Paesi del Nord Europa, l'alba è un po' più tarda e il tramonto può arrivare fino alle 23:00. Inoltre, in queste regioni c'è ancora luce durante la notte, poiché il sole non è mai completamente fuori dall'orizzonte e la luce residua è visibile 24 ore su 24. Inoltre, in queste regioni c'è ancora luce durante la notte, poiché il sole non è mai completamente fuori dall'orizzonte e la luce residua può essere vista 24 ore al giorno. Se i pannelli sono rivolti a sud-ovest anziché a sud, si può ottenere la luce supplementare nelle ore del tramonto. Se i pannelli sono rivolti verso sud, le ore di massima luce solare sono quelle in cui il sole si trova direttamente sopra i pannelli solari. La luce solare aggiuntiva disponibile dopo le ore di punta del pomeriggio non può creare una buona quantità di energia. La leggera inclinazione verso ovest aiuta a sfruttare meglio le ore successive e può persino contribuire a utilizzare la luce residua per creare energia fino a tarda sera. Per le case dell'emisfero meridionale vale il contrario, anche se il concetto è lo stesso.

Alcuni esperti considerano anche il tipo di struttura di fatturazione della propria società di servizi quando si tratta di decidere la direzione dei pannelli. Ad esempio, se si dispone di una struttura di fatturazione a scaglioni in cui l'elettricità diventa più costosa man mano che si consumano quantità maggiori, sarà più efficace utilizzare pannelli rivolti a sud, in quanto si cerca di generare la maggior quantità di elettricità complessiva.

Al contrario, sarebbe meglio avere pannelli rivolti a ovest con una struttura di fatturazione basata sull'orario di utilizzo, poiché la tariffa elettrica più alta è durante la sera (ore di punta), quando le persone utilizzano maggiormente l'elettricità. Con i pannelli rivolti a ovest si è in grado di produrre elettricità durante queste ore di punta e non si deve attingere alla rete.

Inoltre, è possibile ridurre ulteriormente i costi dell'elettricità installando delle batterie per immagazzinare l'elettricità durante il giorno, quando la produzione è in eccesso. L'energia in più può essere utilizzata di notte o nelle ore di punta per ridurre ulteriormente il consumo della rete.

Strumenti e attrezzature essenziali

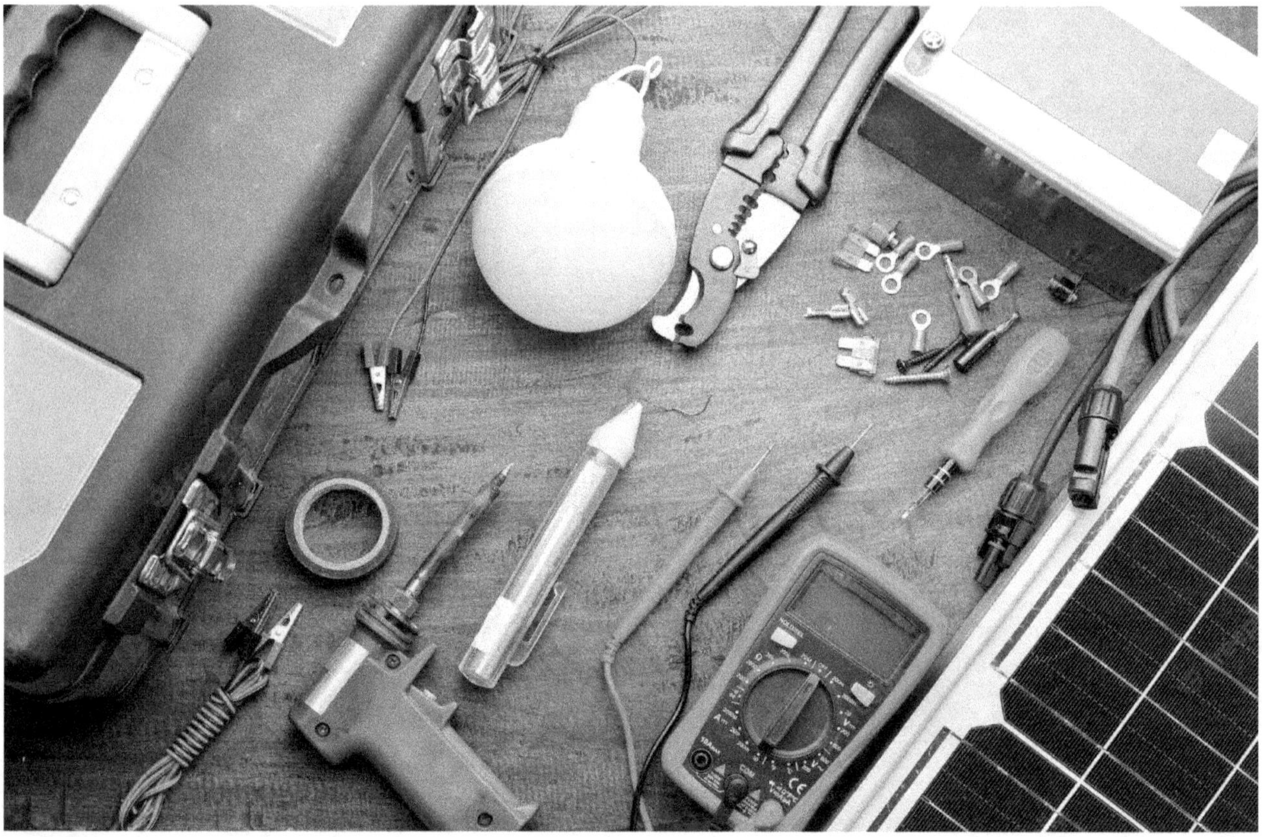

Il passaggio all'energia solare ha portato all'invenzione di strumenti altamente specializzati per l'installazione dell'energia solare. Sebbene alcuni di questi strumenti siano facilmente reperibili in casa, ve ne sono altri progettati appositamente per le installazioni di energia solare. Questi strumenti vanno da semplici dispositivi che consentono di scollegare le connessioni solari a strumenti molto complessi.

Se si desidera installare l'impianto fotovoltaico da soli, è necessario conoscere gli strumenti di base necessari per la realizzazione dell'impianto. Le installazioni fai-da-te riducono i costi dell'energia solare, ma se non si dispone degli strumenti di base per l'installazione e si vuole assumere un appaltatore, i costi iniziali aumenteranno.

Oltre a possedere le competenze necessarie per l'installazione, è necessario considerare anche la sicurezza. Come in tutte le situazioni di fai-da-te, possono verificarsi incidenti e lesioni, che ovviamente si desidera evitare; pertanto, prima di iniziare il progetto di installazione fai-da-te, è necessario raccogliere tutti gli strumenti necessari. In alcuni casi, è necessario rivolgersi a un elettricista professionista che vi aiuti nelle procedure più complicate, come il cablaggio e la piegatura delle guaine. Ma se avete le competenze elettriche di base, potete utilizzarle. Ricordate di osservare tutte le precauzioni di sicurezza!

Vediamo alcuni degli strumenti più comuni necessari per l'installazione di un impianto solare.

Strumenti di sicurezza

L'installazione dei pannelli solari richiede il sollevamento di carichi pesanti, l'arrampicata sul tetto e il cablaggio elettrico; pertanto, la vostra sicurezza è della massima importanza. Alcuni dei dispositivi di protezione da prendere in considerazione sono i seguenti.

Guanti e stivali

Indossare sempre guanti e stivali chiusi per evitare tagli, graffi e altre lesioni durante l'installazione dei pannelli. Gli stivali con suola piatta garantiscono la presa necessaria quando si lavora con tetti di scandole, tegole o metalli.

È inoltre possibile indossare abiti a maniche lunghe per evitare di bruciare la pelle quando si lavora all'esterno o sul tetto.

Occhiali di protezione

Indossate occhiali e altri dispositivi di protezione per evitare lesioni agli occhi durante il lavoro. Poiché durante i lavori sul tetto sarete esposti alla luce diretta del sole, è consigliabile anche una lozione con protezione solare.

Ancoraggi per tetti

Gli ancoraggi per tetto proteggono dalle cadute durante l'installazione di un sistema di montaggio su tetto. Quando si lavora sul tetto, collegare sempre un'imbracatura di sicurezza all'ancoraggio per avere un ulteriore livello di protezione.

Ponteggi

Un'impalcatura aiuta a salire sul tetto e può fungere da braccio di sollevamento per portare l'attrezzatura in luoghi elevati. È possibile realizzare una struttura temporanea per ponteggi che aiuti a installare i pannelli in punti più alti. Per i progetti più semplici si possono utilizzare anche scale normali.

Multimetro

Prima di intervenire sull'impianto, verificare con un multimetro la presenza di tensione. Assicuratevi che i conduttori e le terminazioni siano a tensione zero prima di iniziare l'installazione: in questo modo eviterete una scossa elettrica.

Parapetti

Quando si installano pannelli solari su un tetto, soprattutto nei progetti più estesi, si rischia di cadere. Per questo motivo, è necessario disporre di dispositivi di sicurezza solare come parapetti temporanei. Anche un'imbracatura di sicurezza per tetti protegge dalle cadute.

Scala

È necessaria una scala robusta che vi aiuti a salire e scendere con facilità. La scala deve estendersi per almeno un metro al di sopra dei bordi del tetto.

Utensili elettrici

Trapano a batteria

Il trapano a batteria è uno strumento potente che semplifica i lavori di bricolage. Consente di praticare fori pilota, di inserire viti a strappo e di fissarle saldamente al tetto. Il trapano a batteria ha diverse funzioni e ogni proprietario di casa dovrebbe averne uno. Un trapano generico con batteria da 12 o 18 V è adatto alla maggior parte degli usi solari.

Punte e bussole

Le punte da trapano sono strumenti di taglio che creano fori di diverse dimensioni e forme su diversi tipi di materiali. Scegliere sempre una punta più grande della dimensione del foro che si desidera creare.

Le punte elicoidali sono le punte comuni per la foratura di materiali in plastica, legno e metallo e possono essere forate a mano o con un trapano elettrico. Se si desidera forare il cemento, la pietra o i mattoni, è necessario utilizzare punte per muratura.

La bussola per punte è uno strumento che adatta le bussole per l'uso in un trapano. Si tratta di un adattatore montato su un trapano con gambo conico per un foro conico più grande della dimensione del foro creato. Le bussole si adattano ai dadi o ai bulloni per stringere le punte da trapano, come illustrato di seguito:

Pistola per calafataggio

Si tratta di un tubo riempito con una cartuccia di materiale (sigillante per tetti) che sigilla gli spazi vuoti o i fori lasciati dopo il fissaggio delle viti sul tetto. Il materiale utilizzato per la cartuccia può essere silicone o lattice e può essere utilizzato per incollare una serie di materiali come vetro, metallo o ceramica.

Seghetto alternativo

Si tratta di uno strumento potente che consente di tagliare i binari dopo l'installazione dei moduli solari, ad esempio. Permette di avere un maggiore controllo quando si tagliano modelli o forme complicate per evitare di danneggiare il tetto.

Sega a ricircolo di sfere

Il seghetto alternativo è uno strumento portatile che consente di tagliare rapidamente diversi materiali. La sega è dotata di una lama grande come quella di un seghetto alternativo e di un'impugnatura orientata che consente di tagliare comodamente i materiali su superfici verticali. Sul tetto è preferibile utilizzare una sega a carica.

Sega a tazza/tagliafori

La sega a tazza è una lama a forma di anello che esegue fori su una superficie senza tagliare il materiale di base. È adatta alla foratura e il creatore di fori ha una punta pilota al centro per evitare che i denti della sega si muovano. È possibile utilizzare questo strumento per tagliare piastre metalliche sottili, materiale per tetti, ecc.

Cacciavite

Un cacciavite consente di avvitare o allentare diversi tipi di viti. Sebbene gli avvitatori a percussione abbiano dominato la maggior parte delle applicazioni di avvitatura, gli avvitatori manuali possono risultare più maneggevoli in alcune situazioni.

Pinze

Se avete una pinza a becchi lunghi, potete piegare i fili o stringere gli spazi stretti. Le pinze con bordi affilati possono tranciare i cavi elettrici spessi. Le pinze possono essere utilizzate anche per afferrare gli oggetti durante l'installazione. Tenere i fili con le pinze aiuta a prevenire la folgorazione.

Nastro di misurazione/linea di corda/linea di gesso

Un nastro di misurazione è ovviamente necessario per il vostro progetto. Ad esempio, è possibile misurare la distanza tra i fori praticati sui pannelli e segnare le aree corrispondenti sul tetto per sapere dove praticare i fori.

Uno strumento per linee di gesso traccia linee rette su una superficie piana. Si può usare per tracciare linee rette tra due punti e assicurarsi che i pannelli siano montati sulle linee di gesso.

Una linea di corda assicura che i pannelli solari siano installati in quadrati perfettamente livellati. Tutti apprezzano i pannelli solari ben organizzati sul tetto.

Strumenti e attrezzature per il cablaggio

È necessario saper utilizzare diversi strumenti e apparecchiature specifici per il cablaggio.

Scatole di giunzione e giunzioni

Una scatola di giunzione è una scatola elettrica che racchiude fili e cavi elettrici. Se si tagliano cavi elettrici o si giuntano i fili tra loro, è necessaria una scatola di giunzione per proteggere i fili da eventuali cortocircuiti.

Queste misure di sicurezza prevengono le scosse elettriche causate dai cavi sotto tensione presenti in casa. Tutti i fili collegati agli interruttori e alle luci devono essere racchiusi in una scatola di giunzione, che servirà a contenere tutti i fili giuntati. Ogni scatola è costituita da una giunzione di collegamento che accoglie due o più cavi del circuito. I cavi che entrano nella scatola sono fissati da connettori per guaine o da morsetti per cavi.

Quando si acquistano scatole di giunzione e giunture, assicurarsi che soddisfino i requisiti di tensione e corrente del circuito. Utilizzare sempre dispositivi di giunzione approvati o capicorda isolati.

Interruttori CA

Un interruttore automatico CA previene i danni alle apparecchiature interrompendo l'alimentazione quando rileva un sovraccarico. Funziona interrompendo il flusso di corrente quando rileva un guasto. Gli interruttori possono anche importare ed esportare energia dalle apparecchiature. Di seguito, si può vedere un sottopannello contenente alcuni interruttori automatici:

Sottopannelli

Si tratta di un componente essenziale che consente di aggiungere circuiti supplementari all'abitazione quando gli slot dell'interruttore del pannello principale sono pieni. Estende la distribuzione dell'alimentazione a zone specifiche della casa. Un sottopannello è dotato di interruttori propri e consente di estendere facilmente il cablaggio utilizzando più circuiti secondari alla casa o agli edifici che si trovano lontano dal pannello principale.

Misuratori fotovoltaici

Se si installa un sistema solare collegato alla rete o ibrido, è necessario installare un contatore fotovoltaico dedicato che misuri la quantità di energia generata dal campo solare. Nella maggior parte dei casi, è necessario installare la base del contatore e, una volta approvato l'impianto solare, l'azienda elettrica installerà la parte frontale del contatore e attiverà l'impianto fotovoltaico.

Condotti

Una guaina è un tubo utilizzato per proteggere i cavi elettrici da umidità, urti e sostanze chimiche nelle aree esposte. La guaina di plastica che racchiude i fili è soggetta a danni. Per evitare questo problema, è possibile inserire i singoli fili in una guaina metallica per proteggere i circuiti elettrici sensibili.

La guaina elettrica metallica (EMT) è una canalina rigida in acciaio che non solo protegge i cavi, ma mette anche a terra i pannelli. Prima di iniziare il processo di installazione, accertatevi sempre di avere la guaina della misura giusta. Una volta posizionata correttamente la guaina, è possibile stringere le giunzioni utilizzando un set di serrature per canali.

Serrature del canale

I bloccacanali assomigliano a pinze che possono essere utilizzate per afferrare, tenere e girare dadi o bulloni. Questo strumento è ottimo anche per crimpare oggetti metallici o l'estremità di tubi.

Tagliafili

Un tagliafili consente di tagliare fili di alluminio, ottone, rame, ferro e acciaio. I manici isolati aiutano a prevenire le folgorazioni causate dai fili durante il lavoro e offrono una presa confortevole. Se si dispone di una taglierina a filo diagonale, è possibile tagliare i fili con un angolo vicino alla base.

Spelafili

Un altro strumento indispensabile è la pinza spelafili, che consente di rimuovere l'isolamento da un filo elettrico quando si desidera stabilire un contatto.

Crimpatrici per fili

Una pinza crimpatrice idraulica per cavi è un attrezzo speciale per crimpare i terminali delle funi metalliche e per unire due pezzi di metallo. Una pinza crimpatrice a martello può crimpare insieme connettori, terminali e giunture. Per applicare la forza alla pinza è necessario un martello.

Nastro per pesci

Si tratta di uno strumento utile che consente agli elettricisti di far passare un filo attraverso la parete o di tirarlo attraverso una canalina elettrica. Il nastro da pesca è costituito da un filo d'acciaio piatto, lungo e sottile, avvolto all'interno di una ruota di forma circolare. La parte a forma di pesce consente di fissare il filo e poi di tirarlo attraverso la canalina. Una guaina è un tubo simile a un tubo idraulico che protegge il cablaggio elettrico.

Chiave dinamometrica

La chiave dinamometrica è uno strumento unico a forma di T che consente di utilizzare una coppia di serraggio specifica per fissare bulloni, dadi e viti a strappo sulle guide dei pannelli solari. È ideale nelle situazioni in cui il serraggio di viti e bulloni è molto importante. Una chiave dinamometrica di alta qualità aiuta a serrare i bulloni e i dadi sulle guide. Anche se questa operazione può richiedere molto tempo, garantisce che i componenti dell'impianto siano al loro posto e ben fissati.

Apparecchiature di scaffalatura solare

Puntoni del tetto

La trave del tetto è una struttura che fa parte del progetto del tetto e va dall'anca del tetto (colmo) alla piastra della parete. Non si tratta di un vero e proprio strumento o apparecchiatura solare, ma di un supporto di base per il montaggio dei pannelli solari.

La decisione su dove e quanti pannelli installare è influenzata in modo significativo dalla posizione delle travi sul tetto.

Rotaie

I binari sono montati sul tetto per sostenere le file di pannelli solari.

Per installare i pannelli solari, è necessario posizionare ciascun pannello in verticale o in posizione verticale, quindi utilizzare due binari con morsetti per fissare i pannelli sul tetto o a terra. Le guide sono fissate al tetto con viti o bulloni.

Scossaline per tetti

La scossalina per tetti è un materiale metallico sottile sotto forma di acciaio zincato, alluminio o rame. La sua funzione principale è quella di evitare qualsiasi perdita d'acqua intorno ai fori praticati nel tetto per fissare le guide.

Morsetto terminale, morsetto centrale

Mentre i morsetti di estremità fissano i pannelli alle estremità dei binari, i morsetti intermedi si trovano tra due pannelli e li tengono attaccati ai binari.

Occhio del sole solmetrico/Pathfinder

Si tratta di strumenti di valutazione solare o di analisi dell'ombra che forniscono misurazioni accurate della quantità di energia solare generata al giorno, al mese o su base annuale. Questi strumenti possono anche misurare i modelli di ombreggiamento all'interno di una particolare area.

Strumenti per la manutenzione della batteria

Idrometro

Misura la densità relativa degli elettroliti in una batteria al piombo-acido allagata per determinare lo stato di carica della batteria. Se la concentrazione di acido solforico nella batteria è maggiore, significa che il livello di elettroliti è più elevato. Una maggiore densità determina un maggiore stato di carica.

Acqua distillata

L'acqua distillata reintegra il livello di elettroliti nella batteria al piombo-acido allagata. La quantità di acqua distillata da aggiungere alla batteria dipende dalle condizioni della stessa. Se la batteria è nuova, è necessario aggiungere acqua distillata fino al fondo del tubo di riempimento. Una batteria vecchia richiede acqua distillata fino al livello dell'elettrodo. Per vedere il livello dell'elettrolito nella batteria si può usare una piccola torcia elettrica.

Imbuto

Viene utilizzato per guidare i liquidi attraverso la piccola apertura dell'involucro della batteria al piombo-acido per riempire la batteria di acqua distillata.

Grembiule in gomma

Prima di maneggiare sostanze chimiche pericolose e materiali tossici, è necessario indossare un grembiule di gomma per proteggere il corpo e gli abiti da eventuali fuoriuscite. Anche una goccia di acido solforico o di qualsiasi altro potente prodotto chimico può causare gravi lesioni alla pelle.

Guanti in gomma

Se si lavora con sostanze chimiche tossiche e altri detergenti dannosi, è necessario indossare guanti per proteggere le mani.

Che cos'è l'elettricità e come si misura?

In parole povere, l'elettricità è il movimento di elettroni o particelle cariche in un circuito. C'è elettricità intorno a noi e anche dentro di noi. Usiamo l'elettricità per svolgere il lavoro, perché l'elettricità è una delle forme di energia più facili da trasportare su lunghe distanze. Nell'uomo c'è anche l'energia muscolare, ma non è così facile da trasportare.

Per capire l'elettricità, dobbiamo partire da qualcosa di più elementare: gli elementi. Tutti gli elementi sono costituiti da atomi. Gli elementi si trovano sulla tavola periodica. Gli atomi sono costituiti da protoni, neutroni ed elettroni. Conosciamo tutti l'atomo dalle scuole superiori. È composto da un protone e da neutroni che formano il nucleo e da elettroni che orbitano intorno ad esso. Tutti questi elementi - i protoni e i neutroni al centro, gli elettroni e lo spazio tra di essi - fanno parte di ciò che conosciamo come atomo. Un atomo non è stazionario. Non è come avere un granello di sabbia. Quel granello di sabbia (senza considerare che è anch'esso fatto di atomi) è un oggetto stazionario. Se si potesse vedere un atomo, si vedrebbe che è dinamico, in continuo movimento e in costante cambiamento. L'unico momento in cui si ferma è quando lo si congela allo zero assoluto.

Il numero minimo di protoni presenti in un atomo è uno. Un atomo che ha un elettrone in orbita e un protone nel nucleo è l'atomo di idrogeno. È l'elemento più leggero in natura. I protoni hanno massa e carica. Anche gli elettroni hanno massa e carica. I neutroni hanno massa ma carica trascurabile. Ogni particella ha una carica particolare: i protoni sono positivi, gli elettroni sono negativi e i neutroni sono neutri.

I protoni nel nucleo attraggono gli elettroni che sono in orbita. Gli elettroni occupano gusci diversi, che è un altro modo per riferirsi all'altitudine dell'elettrone rispetto al protone. Per questa parte, potete immaginare i pianeti che orbitano intorno al sole. Ogni guscio dell'atomo è come le diverse orbite dei pianeti, ma negli elettroni ogni guscio può ospitare più di un elettrone. Il guscio più esterno contiene elettroni chiamati elettroni di valenza. Questi elettroni più esterni subiscono la minore attrazione dal nucleo dell'atomo e sono i più facili da allontanare.

Volt

Quando l'elettrone viene allontanato e viaggia lungo un percorso, deve muoversi in una certa direzione. Tale direzione è determinata da un campo elettrico. I dettagli di questo aspetto esulano dallo scopo di questo libro, ma il punto da tenere presente è che l'elettrone si sposterà da un'area ad alta concentrazione a un'area a bassa concentrazione. Maggiore è la differenza tra la zona più alta e quella più bassa, maggiore è il potenziale. Maggiore è il potenziale tra le due estremità, più forte sarà la spinta degli elettroni nel circuito dall'alto verso il basso. Questo potenziale è descritto dai volt. Si sente spesso dire che qualcosa è a 12V, 24V o 110V. Questo viene spesso descritto per analogia utilizzando la pressione dell'acqua per illustrare i volt. Prendiamo un serbatoio con due camere separate da una valvola. Da un lato non c'è acqua e dall'altro c'è circa un metro d'acqua nella camera. La pressione esercitata dalla colonna di un metro fa sì che l'acqua si spinga nella camera vuota. All'inizio la pressione è maggiore e, man mano che la colonna si abbassa, spinge meno finché le due camere non hanno la stessa altezza d'acqua. A quel punto, non c'è più spinta. Non c'è più alcuna differenza di pressione tra le due camere.

Quasi allo stesso modo (ma non esattamente), quando un circuito viene chiuso, l'elettrone viene spinto dall'inizio a muoversi e questo fa fuori l'elettrone dell'atomo più vicino. Questo elettrone va poi all'atomo vicino e mette fuori gioco l'elettrone del guscio più esterno. Questo continua ad accadere per tutta la lunghezza del circuito. Più è facile staccare un elettrone dal suo atomo, più il materiale è conduttivo. Più è difficile eliminare un elettrone dal suo guscio esterno, meno è conduttivo.

Pensateci un attimo. Quando si acquista un generatore solare, cosa si fa effettivamente con l'elettricità? Non si cattura l'elettricità dal sole. Al contrario, si utilizzano i fotoni per eliminare gli elettroni nella cella solare, che poi si spostano nel circuito. Non è il calore del sole a produrre elettricità. Si può generare elettricità anche in pieno inverno, purché la luce solare sia sufficiente.

Quando si dispone di una batteria, la tensione della stessa indica la spinta che ha. Immaginate che un carrello trasporti un paio di robot. Il carrello si muove attraverso ostacoli e traffico per raggiungere diverse aree della città e consegnare i robot per svolgere lavori meccanici. Il carrello viene spinto oltre gli ostacoli e l'attrito, poi arriva a destinazione. I robot scendono e vanno a svolgere il lavoro, poi risalgono sul carrello e tornano a casa. Se avete un enorme culturista, ad esempio Arnold Schwarzenegger nel fiore degli anni, sarete in grado di spingere quella macchina facilmente. Se, invece, lo fate fare a qualcuno come Pee Wee Herman, non sarebbe in grado di spingere un granché di carico. Se si prende un bambino, la possibilità che riesca a spostare il carrello anche di poco è un problema. La forza è ciò che è la tensione. Indica quanto carico è in grado di spingere. Arnold avrebbe una tensione molto maggiore rispetto al bambino.

Attuale

La seconda parola dell'elettricità che si sente sempre nominare è ampere. Ampere è l'abbreviazione di ampere. È la misura della corrente. La domanda successiva è quindi: che cos'è la corrente? In parole povere, la corrente è la velocità del flusso di carica.

Se ricordate, l'elettricità è il movimento di cariche. Le cariche sono positive o negative. I protoni sono carichi positivamente e gli elettroni sono carichi negativamente. Quando parliamo di elettricità, parliamo del movimento degli elettroni che trasportano la carica negativa. Gli ampere misurano quante particelle cariche si muovono attraverso il circuito o, più specificamente, attraverso il punto che si sta misurando. Questo punto può cambiare in diverse parti del circuito.

Se si prende una sezione trasversale di un cavo, si scopre che ha una certa area. Quest'area dà un'idea di quante particelle cariche possono passare attraverso il condotto. Se ricordate, l'elettricità consiste nel movimento di particelle cariche, che si muovono facendo cadere gli elettroni dal guscio esterno di un elettrone. In un filo di rame, l'elettrone in fondo viene messo fuori gioco da un elettrone dietro di lui. L'elettrone viene messo fuori gioco e l'elettrone arriva all'atomo successivo. Se si potesse sapere quanti atomi ci sono in una particolare sezione trasversale, si potrebbe sapere quanti elettroni vengono urtati in qualsiasi momento.

Immaginate una stanza piena di bambini. Questa stanza è collegata a un'altra stanza di uguali dimensioni, vuota, da un tunnel che può contenere esattamente quattro bambini uno accanto all'altro. Se i bambini camminassero a passo normale, entrerebbero nel tunnel, percorrerebbero la distanza e poi entrerebbero nella seconda stanza. Entrerebbero al ritmo di quattro bambini alla volta. Se ogni fila di bambini entrasse ogni secondo, la stanza si riempirebbe al ritmo di quattro bambini al secondo. Se si libera un mostro spaventoso per "spingere" i bambini a muoversi più velocemente attraverso il tunnel, questi inizieranno a correre e tre file entreranno nella stanza ogni secondo. In altre parole, 12 bambini entrerebbero nella stanza al secondo. Nel primo caso si trattava di 4 bambini al secondo, mentre nel secondo caso erano 12. Maggiore è la spinta sul retro, maggiore è la velocità di movimento dei bambini. I bambini sono come le particelle cariche e il mostro nella prima stanza è ciò che li fa muovere più velocemente: una tensione maggiore. Ma c'è un limite a questo. Non si può continuare ad aumentare le dimensioni del mostro e aspettarsi che i bambini corrano più velocemente. Arriverà un momento in cui all'aumento delle dimensioni del mostro non corrisponderà un aumento della velocità di corsa dei bambini.

L'unico modo per aumentare la velocità del flusso sarebbe quello di aumentare le dimensioni del tunnel. Sarebbe come aumentare il diametro del filo. In una certa misura, questo farebbe la differenza. Permetterà il passaggio di un maggior numero di particelle cariche in un determinato momento e consentirà all'apparecchio di prelevare la quantità di elettricità necessaria. Quanto maggiore è il lavoro che l'apparecchio, il motore o qualsiasi altra cosa abbia bisogno di elettricità per funzionare, tanto maggiore sarà la quantità di particelle cariche di cui avrà bisogno.

Quando si aumenta il diametro del filo, la sezione trasversale del filo contiene più atomi e ciò significa che può fungere da ponte più ampio per il viaggio degli elettroni. Più denso è il filo o più grande è il diametro, più atomi conterrà, consentendo alle particelle cariche di muoversi lungo il percorso.

Un'altra cosa da considerare è che se il filo è lungo, cioè la distanza tra la fonte di alimentazione e l'utilizzo dell'energia è maggiore, il filo che trasmette l'energia tra di loro agisce anche come un resistore.

Per ogni metro di filo, si aggiunge una resistenza al circuito. Più lungo è il filo, maggiore è la resistenza e, di conseguenza, è necessaria una maggiore tensione per spingere la carica. È inoltre necessario ricordare che se la resistenza è elevata, non solo è necessaria una maggiore forza, ma anche una maggiore carica. Quindi, all'aumentare della lunghezza del cavo, è necessario aumentare la tensione alla sorgente per spingerla e l'amperaggio per far passare più carica.

Volt, ampere e ohm sono le unità di misura rispettivamente di tensione, corrente e resistenza. Esse hanno una relazione specifica e inalterabile. La tensione è il prodotto effettivo della corrente e della resistenza. In altre parole, V = I x R. Dove V è la tensione in volt, I la corrente in ampere e R la resistenza in ohm. In questa relazione, se la resistenza è elevata, è necessario aumentare la tensione per mantenere costante la corrente. Se si vuole mantenere la tensione costante, è necessario ridurre la corrente.

Allo stesso modo, I = V / R. È la stessa cosa, solo riorganizzata rispetto a I. In questo caso, per mantenere I costante, qualsiasi variazione di tensione deve avere una variazione inversa della resistenza. Quindi, per mantenere gli ampere costanti, una resistenza più alta richiede una tensione più alta.

Resistenza

Allo stesso modo R = I / V. In questo caso, per mantenere costante la resistenza, ogni aumento di corrente deve essere accompagnato da un aumento di tensione. È sufficiente tenere a mente questa relazione. Ma c'è un aspetto di tutto questo che può confondere molte persone. La tensione è tipicamente fissa. Si vive in un paese che riceve 110V o 220V dal muro. Non è possibile cambiare il voltaggio, quindi questo è tipicamente fisso. Ciò che si può cambiare sono gli ampere e gli ohm. Gli ampere si riferiscono più a ciò che viene tirato che a ciò che viene spinto. È meglio pensare che gli ampere vengano tirati, i volt spinti e la resistenza sia ferma. Utilizzando questi tre stati si ha un'idea di come controllarli. Se avete bisogno di più tensione, cambiate il numero di batterie in un sistema a batteria. In termini di ampere, se si fa in modo che un motore vada più veloce, si otterrà l'ampere necessario per farlo funzionare. L'aumento di ampere richiede una resistenza inferiore a parità di tensione. Ma dato che la presa a muro ha sempre la stessa tensione, quando si aumenta la corrente ci si accorge che i fili iniziano a scaldarsi. Ecco perché i fusibili si fondono. L'aumento del calore scioglie il filamento e il circuito si interrompe. Per ridurre la resistenza, è necessario aumentare le dimensioni del cavo, in modo da ridurre la resistenza.

Maggiore è il diametro del cavo, minore è la resistenza e maggiore sarà la corrente che potrà attraversarlo senza che aumenti la temperatura.

Quando si tratta di case e piattaforme mobili come barche, camper e simili, assicuratevi sempre di far calcolare da un elettricista autorizzato la lunghezza del cavo nel circuito, in modo da ottenere il calibro ottimale. L'uso di fili troppo sottili può essere causa di incendi, e ciò è più costoso dell'esborso iniziale per un cavo di qualità migliore. Ci sono un paio di altri argomenti di base che dovremmo trattare e che potete trovare nel mio libro precedente, come già detto.

Potenza

Quando lo usiamo nelle conversazioni di tutti i giorni, la potenza ha solitamente un altro significato. Nell'elettricità, la potenza ha un significato specifico. La potenza riguarda la forza che la tensione e la corrente creano. Ricordiamo che la corrente è il numero di particelle cariche che fluiscono per unità di tempo, mentre la tensione è la forza che spinge gli elettroni. La potenza è la forza e la quantità che risulta da determinati volt e da determinati ampere. 12 ampere a 110 volt producono 1.320 watt. La potenza è data dalla tensione per la corrente o dai volt per gli ampere. Una lampadina da 110 watt su un sistema a 110 volt significa che assorbe 1 ampere. Un apparecchio da 5 ampere su una sorgente a 12 volt fornisce 60 watt. Non è difficile calcolare il wattaggio. Volt-ampere-watt.

Ore-Amp

Sappiamo che gli ampere misurano la quantità di particelle cariche trasmesse in un determinato circuito. Se si pensa a una batteria come a un sacchetto che contiene pacchetti di energia, si dovrebbe pensare che contenga particelle cariche. Se si utilizza un ampere per un'ora, allora è un ampere-ora. Se si consuma mezzo ampere per due ore, anche questo è un ampere-ora. Un altro modo di vedere la cosa è che 1 amp è un coulomb al secondo. 1 coulomb corrisponde a 6,25 x 1018 elettroni. Di conseguenza, 1 amp è pari a 6,25 x 1018 elettroni al secondo. Ciò significa che in un'ora, un sistema da 1 ampere invia 6,25 x 1018 x 3.600 elettroni all'ora. Ciò significa che in un'ora di ampere si muovono 2,25 x 1022 elettroni. Ve lo propongo in questo modo per rendere reale la conversazione. Sembra di essere sommersi da tutti questi termini e concetti che non hanno modo di essere visualizzati. Ma con questo, potete pensare a pacchetti di energia, solo per aiutarvi a visualizzare. L'ampere-ora è un buon modo per considerare quanto i vostri elettrodomestici consumeranno in una notte e vedere se riuscite a reintegrare il tutto durante il giorno successivo.

Fondamenti e unità di misura dell'elettricità

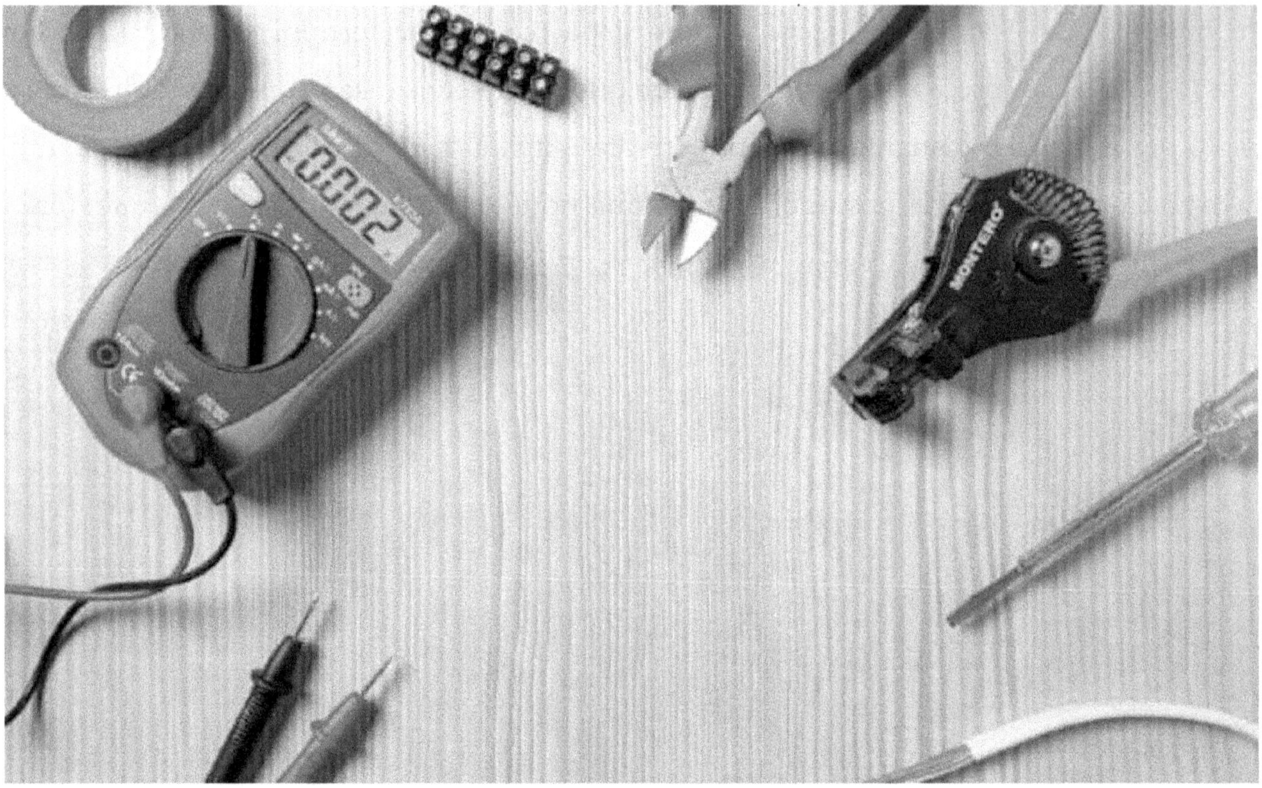

L'elettricità viene utilizzata in diverse applicazioni, il che richiede una comprensione fondamentale delle regole che governano il comportamento dell'elettricità. Per comprendere questi principi, è necessario innanzitutto afferrare i concetti fondamentali dell'elettricità, come tensione, resistenza, corrente, legge di Ohm, teoria dei circuiti e altre idee correlate. Per prima cosa è necessario chiarire che cos'è e che cosa non è l'elettricità. L'elettricità è definita come il movimento di una carica elettrica. Quando una carica elettrica si muove, produce un campo elettrico, che può essere positivo o negativo a seconda della polarità della carica. Fonti primarie (come l'energia solare) e secondarie (come i combustibili fossili) contribuiscono alla generazione della carica. Indipendentemente dal modo in cui viene generata la carica, il passaggio di questa carica dà origine a una corrente elettrica. In questo corso studierete i principi elettrici fondamentali che vi permetteranno di utilizzarli al meglio durante la costruzione e l'installazione del vostro impianto fotovoltaico.

Formule e circuiti di base

Un circuito elettrico comprende componenti che trasferiscono, immagazzinano e convertono l'energia. L'energia entra nel circuito da una o più sorgenti ed esce attraverso le uscite. Un circuito è costituito da tre componenti fondamentali: una sorgente di tensione, un carico e un canale conduttivo. Il pacco è un dispositivo elettrico che utilizza l'elettricità del circuito. Il circuito conduttivo collega la fonte di alimentazione con il carico. Un percorso ha un interruttore on/off e un fusibile tra la testa e la borsa. Quindi, prima di costruire il vostro sistema solare, imparate a conoscere i circuiti e ad assemblarne uno.

Componenti di un semplice circuito elettrico

Un circuito è costituito da molti componenti elettrici. Conoscere questi componenti vi aiuterà a progettare il vostro sistema.

Interruttore

Un interruttore, sia esso a pulsante, momentaneo o a bilanciere, blocca la corrente elettrica quando il circuito è chiuso.

Resistore

Un resistore regola il flusso di tensione e di corrente in un circuito. Le dimensioni del resistore devono essere note prima di creare il corso. La resistenza di un circuito può essere calcolata utilizzando la legge di Ohm. La batteria e il LED forniscono la tensione e l'amperaggio.

Condensatore

Il condensatore è un altro componente elettrico fondamentale che immagazzina l'elettricità e la rilascia quando la tensione si abbassa. Funziona come una batteria ricaricabile.

Diodo

Questo limita il flusso di energia prodotta. La funzione principale del diodo è quella di instradare e bloccare le scariche elettriche indesiderate nel circuito.

Diodo ad emissione di luce (LED)

Il LED è un diodo convenzionale che consente un flusso elettrico unidirezionale. L'anodo (+) e il catodo (-) del componente LED generano luce quando scorre una corrente elettrica. L'elettricità scorre sempre dal positivo (anodo) al negativo (catodo).

Transistor

Un transistor agisce come un piccolo interruttore e, quando viene attivato da un segnale elettrico, attiva o disattiva la corrente. Può anche amplificare i segnali.

Unità elettriche

Un carico elettrico è un'apparecchiatura che utilizza energia elettrica. Ciascuno di questi elementi è collegato a un circuito elettrico e utilizza energia. Un carico elettrico converte l'elettricità in calore, luce o movimento. Il termine "carico" può anche riferirsi al consumo di energia di un'unità di alimentazione o al flusso di corrente del circuito. Il carico dipende dalla domanda, dalla diversità, dalla potenza e dall'utilizzo del sistema. Resistenza, induttivo e capacitivo.

Carico resistivo

Forni, luci a incandescenza, macchine per il caffè e tostapane sono esempi di carichi resistivi. Poiché l'energia viaggia solo dalla sorgente di tensione al carico, questi dispositivi utilizzano energia attiva. Inoltre, le forme d'onda di tensione e corrente dei carichi hanno spesso un picco nel momento esatto. Le forme d'onda sinusoidali sono prodotte dall'oscillazione di bobine fisse nelle stazioni elettriche. Impedenza e tensione sinusoidale di un carico resistivo:

Carico induttivo

Questo carico utilizza esclusivamente potenza reattiva. Ne sono un esempio i motori, i trasformatori e i generatori. La bobina del carico risparmia energia magnetica mentre conduce l'elettricità. Lavatrici, aspirapolvere, lavastoviglie, condizionatori d'aria e compressori utilizzano questo tipo di carico. Alcuni di questi dispositivi necessitano di picchi di corrente per avviarsi, anche durante il normale utilizzo dell'elettricità. La forma d'onda della corrente è in ritardo rispetto alla forma d'onda della tensione, generando un ritardo del fattore di potenza. La tensione e la corrente sono in realtà sfasate di 90 gradi. Quando la corrente è nulla, la tensione è massima. Poiché i carichi induttivi utilizzano la potenza reattiva, l'elettricità può fluire dal carico alla sorgente o viceversa.

Carico capacitivo

In questo carico, l'onda di corrente raggiunge il picco prima dell'onda di tensione. Le onde recenti hanno sempre un vantaggio di 90 gradi. Utilizzato nei banchi di condensatori e nei motori a induzione trifase. A causa della mancanza di un carico capacitivo autonomo. I circuiti di grandi dimensioni utilizzano condensatori per gestire la potenza. I condensatori sono utilizzati nelle sottostazioni elettriche per aumentare il fattore di potenza.

Come selezionare i componenti

Diamo una rapida panoramica dell'infrastruttura solare in una piattaforma remota. La luce solare colpisce il pannello solare e da lì parte la corrente. A questo punto, si tratta di corrente continua. Questa passa a un regolatore di carica e poi al power bank, che è una serie di batterie disposte in parallelo. Poiché non tutte le apparecchiature funzionano a corrente continua, è necessario un inverter per convertire la corrente continua in corrente alternata. A questo punto, si dispone di corrente alternata e corrente continua alla parete. Molti degli elettrodomestici acquistati avranno bisogno di corrente alternata, quindi, insieme all'elenco delle cose che avete pianificato, è bene che abbiate un diagramma di dove saranno installati, in modo da sapere quale elettricità incanalare in quel punto.

Ora che avete messo da parte il cuore del vostro sistema, è il momento di vedere come scegliere gli altri componenti, tra cui i pannelli solari, il regolatore di carica e l'inverter. Inoltre, ci occuperemo della scelta dei cavi e dei generatori per il back up.

Come in tutte le cose, anche in questo caso è necessario trovare un equilibrio quando si fa un acquisto di grandi dimensioni.

Selezione dei pannelli solari

Ci sono due cose da fare per scegliere i pannelli solari. Una è quantitativa, l'altra è qualitativa. Gli aspetti quantitativi sono come il calcolo della capacità del vostro power bank.

Esistono tre tipi di pannelli solari. Ognuno di essi ha diversi profili di costo, utilità e longevità. Dovete scegliere quello che è meglio per voi. Non è sempre certo che il più costoso sia il migliore per voi, così come il più economico non è sempre il più conveniente. È necessario considerare l'intero quadro e vedere quali sono i prodotti che offrono il miglior ritorno per il vostro investimento.

L'elemento base di un pannello solare è il silicio (non il silicone). Il silicio è rappresentato da "Si" nella tavola periodica. È l'elemento di cui sono fatti i chip dei computer ed è il componente della sabbia delle spiagge nella sua forma di ossido. È un elemento abbondante sul pianeta e ha molteplici usi elettrici, uno dei quali è rappresentato dalle celle solari.

I tre tipi di pannelli solari sono monocristallini, policristallini e amorfi (o anche noti come film sottili). Ogni tipo ha qualità diverse e non è facilmente classificabile come migliore o peggiore. Sono semplicemente diversi e costruiti per utenti diversi con budget diversi.

C'è una cosa strana in queste strutture di silicio che dobbiamo considerare: l'efficienza. L'efficienza si presenta in molte forme. Quando si parla di efficienza dei pannelli di silicio, il discorso è un po' diverso. Il silicio più efficiente è quello che deve essere sottoposto a processi di purificazione molto costosi. Si arriva a un punto in cui il pannello di silicio più efficiente è altamente efficace, ma i suoi costi economici lo rendono impraticabile per oltre il 90% del mercato. Per questo motivo, quando si parla di efficienza dei pannelli di silicio, dobbiamo guardare oltre il processo di purificazione e vedere quale dei tre tipi ha senso per il modo in cui intendiamo utilizzarlo. L'efficienza non riguarda la purezza, ma il costo e lo spazio. In altre parole, bisogna guardare all'efficienza a valle invece che a quella a monte. In termini di efficienza a valle, si parla di strutture cristalline mono, poli e amorfe.

È piuttosto semplice distinguere l'uno dall'altro. È abbastanza probabile che ne abbiate visto almeno uno, se non tutti. I pannelli monocristallini sono quelli che sembrano avere gli angoli tagliati. In un pannello ci sono singoli quadrati con l'angolo tagliato, quindi se si osserva l'intero pannello, questo è composto da un certo numero di quadrati disposti in file e colonne. I pannelli solari policristallini si distinguono visivamente dai loro cugini monocristallini. Il pannello intermedio è disposto uniformemente in modo da sembrare uno schermo blu scuro senza la struttura a forma di diamante che si vede nei pannelli monocristallini. Infine, anche il film sottile amorfo si distingue dagli altri due, perché viene prodotto in modo diverso e collocato su un substrato che può essere duro (come il vetro) o flessibile e arrotolabile.

Tra i tre, il monocristallino ha la migliore efficienza (dal 15% al 22%) e viene prodotto con il silicio più pregiato, il che lo rende il più costoso in termini di dollari. A causa della loro efficienza, sono necessari pannelli più piccoli per ottenere la stessa resa di pannelli analoghi realizzati in silicio poli- o amorfo. Se li si confronta fianco a fianco con i pannelli amorfi, produrrebbero una resa superiore di quasi il 400%. La maggior parte dei produttori offre una garanzia di 25 anni, perché questi pannelli possono durare così a lungo. Quando si pensa ai costi, bisogna ammortizzarli per avere un'idea reale della spesa. Un prodotto che costa il doppio ma che dura quattro volte di più è sicuramente una scelta migliore. Ma la cosa da notare è che ci sono due aspetti negativi. Il primo è ovviamente il costo: l'esborso iniziale può essere oneroso. Ma, soprattutto, il secondo aspetto negativo è la natura del profilo di generazione dell'elettricità. I pannelli monocristallini hanno una gamma di temperature calde che producono a livelli ottimali. Se la temperatura diventa troppo alta, la produzione di elettricità inizia a degradarsi. Se pensate di essere fuori casa in estate per la maggior parte delle vacanze, o se vi trovate in climi caldi e volete far funzionare un'unità di condizionamento sopra il tetto, allora forse i mono non sono una buona idea.

Da un lato, i pannelli solari a film sottile, o amorfi, sono facilmente producibili e più economici degli altri due tipi. Sono molto meno efficienti, con un'efficienza compresa tra il 4% e l'8% rispetto ai mono, che superano il 20%. Ma costano molto meno, anche se si considera che è necessaria una superficie quadrata cinque volte superiore a quella del mono. Il fattore limitante non è tanto il prezzo, quanto l'utilizzo a temperature elevate. Il film sottile è impermeabile alle temperature eccessive. Il limite è anche l'ingombro: in questo caso, lo spazio disponibile sul tetto del camper o del furgone.

Quando scegliete un pannello solare, calcolate la metratura che avete a disposizione e bilanciatela con le utenze che sperate di avere. Si tratta di un gioco a somma zero. Potete avere a disposizione una quantità infinita di pannelli solari per alimentare tutti gli apparecchi di cui avete bisogno. Dovrete ridurre gli elettrodomestici e l'utilizzo di energia o acquistare un veicolo più grande per integrarli.

Selezione di un regolatore di carica solare

È necessario utilizzare un regolatore di carica solare per evitare che le batterie si sovraccarichino o si scarichino eccessivamente. In alcuni casi i pannelli solari possono caricare le batterie più di quanto previsto (ad esempio quando si guida in una giornata di sole in zone coperte di neve) e la corrente extra dei pannelli può degradare le batterie. Per evitare che ciò accada, è necessario dotarsi di un regolatore di carica solare.

Ci sono solo due cose da sapere per poter effettuare una scelta. In primo luogo, è necessario sapere per quale tensione è stato progettato il sistema: 12, 24 o 48 volt? In questo libro ci siamo occupati di sistemi a 12 volt. Quindi, se si seguisse tutto ciò che è stato detto qui, si tratterebbe di un regolatore di carica a 12 volt. Esistono regolatori che rilevano automaticamente la tensione e si regolano di conseguenza.

Il secondo è la corrente che si avrà durante il picco di carica. Per questo, è necessario esaminare i pannelli solari che si stanno acquistando. Nel loro manuale sono elencati i picchi di carica. Cercate la cosiddetta "corrente di cortocircuito". Una volta ottenuto questo numero, aggiungeteci un buffer. Supponiamo che la corrente di cortocircuito del vostro pannello sia di 8 amp; se aggiungete un buffer del 25%, significa che dovete acquistare un regolatore di carica solare da 10 amp.

Selezione di un inverter

La cosa successiva da acquistare è un inverter. Ne serve uno specifico per camper, barche e furgoni. Ne esistono di adatti alle installazioni fotovoltaiche domestiche, ma è bene assicurarsi di dire al venditore che si tratta di un camper. Il punto successivo è che l'inverter deve funzionare in due fasi di utilizzo. La prima è quando si avvia qualcosa di pesante, come un condizionatore o una pompa. L'avvio iniziale provoca un'impennata e il picco di domanda è elevato, ma solo per un breve periodo, poi si ritorna a un modello di consumo stabile. È quindi necessario farsi un'idea - e lo si può fare basandosi sull'elenco che abbiamo stilato nella prima parte del libro con tutti gli elettrodomestici e il loro consumo energetico. Ricordate che l'inverter serve proprio a far funzionare tutti gli apparecchi a corrente alternata, perché la corrente proveniente dalle batterie è tutta a corrente continua. Una volta ottenuta la potenza di picco, è necessario determinare la potenza tipica. Il valore tipico è il carico che verrà applicato nella maggior parte dei casi. Si tratta del carico che si verifica dopo l'avvio delle pompe o dell'aria condizionata. Una volta raggiunti i picchi momentanei, è necessario calcolare il consumo di corrente tipico per ottenere questo numero.

Selezione del filo

La scelta del cavo giusto è un aspetto che la maggior parte delle persone dà per scontato quando si configura il proprio impianto, che si tratti dell'impianto fotovoltaico di casa o della barca, o anche dello stereo hi-fi. Ciò che non sanno è che il cablaggio è uno dei modi più comuni per migliorare l'efficienza e creare un impianto fotovoltaico migliore. Un cablaggio sbagliato non solo può ridurre l'efficienza dell'impianto, ma può anche danneggiare l'apparecchio o, peggio, costituire un rischio di incendio.

Un buon modo per iniziare è quello di avere uno schema della vostra configurazione e individuare la posizione del vostro banco di batterie. È necessario considerare la capacità dei pannelli solari e la distanza dei cavi che vanno dal campo solare al regolatore di carica solare, e poi il cablaggio che va da lì alle batterie. Sono necessari anche i cavi per collegare le batterie in parallelo. In seguito, si devono misurare i cavi per l'alimentazione in corrente continua alle prese di corrente che si ritiene debbano essere alimentate in corrente continua, e quindi collegare i cavi che vanno dalle batterie all'inverter. Da qui, ancora una volta, è necessario disporre di un cablaggio che vada da lì alle prese. Il modo per ottenere un cablaggio corretto consiste nel calcolare i carichi di picco e quelli tipici di ciascun cavo. Ad esempio, il cablaggio che va dall'inverter alla presa che alimenta l'unità di condizionamento dell'aria da 15.000 BTU deve essere di calibro inferiore (filo più spesso), in modo che la resistenza del filo sia inferiore e che all'unità vengano erogati gli ampere richiesti. I cavi possono essere costosi, quindi ottimizzate le lunghezze per le prese di cui avete bisogno.

Selezione dei monitor di tensione/dei misuratori di potenza del banco

Il monitor della batteria è una parte importante della configurazione, anche se spesso viene frainteso e non notato. Il monitor ha due funzioni. In primo luogo, fornisce una lettura dello stato attuale delle batterie e, in secondo luogo, consente di pianificare in anticipo la carica o la scarica delle batterie. Nella maggior parte dei casi, i monitor della batteria non sono solo un monitor di tensione. I monitor di tensione sono un buon indicatore dello stato della batteria. È molto comune che le batterie inizino a diminuire la tensione quando arrivano al limite della loro carica utile. Nel momento in cui la tensione inizia a diminuire, si sa che è ora di ricaricare la batteria. Molti dei monitor odierni possono essere collegati a un modulo informatico che esegue automaticamente il software per far funzionare i pannelli solari e caricare il sistema. Sceglietene uno che sia in grado di collegarsi a un computer o di ottenere una lettura direttamente sul vostro smartphone tramite un'applicazione. In effetti, se possibile, dovreste essere in grado di collegare tutte le singole parti dell'impianto fotovoltaico a un'app che vi permetterà di controllare il camper a distanza.

Selezione dell'alimentazione di riserva

L'alimentazione di riserva non è assolutamente necessaria. Dipende dal vostro profilo: come viaggiate, dove andate e quanto spesso vi fermate in un porto per le barche o in un luogo con elettricità nel caso di un camper. D'altra parte, se avete intenzione di fare un'esperienza di boondock, allora dovrete avere un generatore per quei momenti in cui il sole non splende così tanto o avete usato più di quanto avreste voluto. L'alimentazione di riserva è tipicamente un generatore. Vediamo come scegliere un generatore e quali sono gli aspetti da tenere in considerazione.

Esistono tre tipi di generatori tra cui scegliere: diesel, benzina e propano liquido. Se vi preoccupate di bruciare in modo pulito, la prima opzione è il propano liquido, seguita dal diesel e infine dalla benzina. La benzina è facilmente reperibile ovunque. Si può fare il pieno quando si fa il pieno al camper. Il diesel è il secondo facilmente reperibile, seguito dal propano che non è altrettanto facile da trovare. Questa è la seconda cosa a cui pensare: Se siete il tipo di persona che tiene un generatore solo per fare il backup per i periodi in cui non c'è la luce del sole e il suo utilizzo sarebbe raro. Ricordate che il propano produce circa 91.500BTU per gallone, mentre la benzina produce oltre 125.000BTU per gallone. Ma la benzina non può essere conservata per lunghi periodi. Si degrada e i fumi possono raggiungere livelli pericolosi. Il propano, invece, può essere conservato a tempo indeterminato. Se, come abbiamo detto, il generatore viene utilizzato raramente, il propano è la soluzione migliore. Se invece si accendono spesso i generatori, la scelta migliore è la benzina. Una volta presa questa decisione, è necessario tenere conto del fatto che i generatori non sono tutti uguali. Se si desidera un generatore portatile solo per far funzionare una pompa, è un conto. Ma se volete un generatore per il vostro camper, la vostra barca o il vostro furgone, ci sono generatori progettati appositamente per questo.

È necessario cercare un generatore di classe RV. Non sono a conoscenza di norme, regolamenti o leggi che impongano di acquistare un generatore per camper per il proprio veicolo, ma è una buona soluzione per una serie di motivi. In particolare, perché ha una potenza maggiore ed è progettato per essere riposto come parte del camper, con un sistema di sfiato adeguato.

Proprio come gli inverter, anche i generatori hanno due valori nominali da tenere presenti: la potenza di avvio, o di picco, e la potenza tipica, o costante. In termini di generatore, si chiamano wattaggio di avvio e wattaggio di funzionamento. Se si prende un generatore da 30.00 watt, non si può presumere che abbia 3.000 watt di potenza di funzionamento continuo: sarà una potenza di avvio. Ciò significa che può fornire una scarica di 3.000 watt, ma non è sostenibile per più di 10 o 15 minuti. Per avere un'idea di quale sia il wattaggio di funzionamento, è necessario controllare il manuale.

La cosa successiva da determinare quando si acquista un generatore è la potenza acustica. Non si vuole dare fastidio a se stessi o ai vicini. L'ultima cosa che si vuole sentire dopo essersi lasciati alle spalle una città rumorosa ed essere entrati nella natura è un generatore rumoroso che emette rumore e gas di scarico. Molti campeggi limitano il rumore a 60 decibel a 15 metri di distanza. Assicuratevi di cercare qualcosa che sia almeno a quel livello o migliore.

Un altro aspetto da considerare è se i generatori sono permanenti o portatili. Di solito, se si dispone di un camper di grandi dimensioni, si cerca un dispositivo permanente che sia alloggiato in un compartimento che possa essere insonorizzato e lo scarico possa essere ventilato fino al tetto del camper. Se si tratta di un apparecchio portatile, in genere sono più leggeri e si possono spostare. È utile poterli riporre in cabina e poi posizionarli all'esterno quando sono in funzione.

Infine, c'è la questione che può essere la più importante di tutte: la possibilità o meno di metterli in parallelo. Il posizionamento in parallelo consente di collocare il generatore tra la batteria e i pannelli solari. Se si possono mettere in parallelo, si possono caricare le batterie quando la luce del sole non è sufficiente a farle funzionare. Se si riesce a metterli in parallelo, è possibile cablarli in modo da poter passare dalle batterie al generatore. Il cablaggio è diverso.

In primo luogo, se si mette il generatore in parallelo con le batterie, le batterie vanno all'inverter e l'alimentazione viene sempre fornita da lì. Il vantaggio di questa soluzione è la semplificazione del cablaggio e l'eleganza del pacchetto. Ma se le batterie vanno in cortocircuito o sono danneggiate in qualche modo, non sarà possibile ottenere energia dai generatori all'inverter senza dover rifare il cablaggio. Se le batterie sono buone, questo non sarà un problema. È anche possibile avere un interruttore meccanico che trasferisce l'energia direttamente agli interruttori e poi alle prese, ma ciò comporterebbe un costo maggiore.

Tutto dipende dal tipo di camper che si possiede e dal tipo di attività che si intende svolgere. In ogni caso, un generatore di riserva è sempre una buona idea. Vi darà la libertà di allontanarvi dalla civiltà per periodi più lunghi e vi permetterà di stare tranquilli quando la luce del sole non sarà sufficiente per ottenere una buona carica.

Interruttore di sezionamento del campo solare

Esistono due tipi di sezionatori sul mercato. Ne serve solo uno. L'altro è per i sistemi fissi che si collegano alla rete. Il primo è il sezionatore CC per campi solari. È quello di cui avete bisogno. È quello che consente di disinserire l'alimentazione proveniente dal campo solare e destinata al regolatore di carica solare. Questo serve per evitare che, nei giorni in cui non si viaggia o non si carica, i pannelli inviino continuamente corrente alle batterie.

Ora che sapete che avete bisogno di uno di questi dispositivi, la domanda successiva è cosa dovete cercare quando lo progettate. Innanzitutto, non è così semplice collocare un interruttore a bilanciere tra l'array e il controller. Bisogna tenere conto del fatto che si tratta di alimentazione in corrente continua e che la corrente continua è soggetta ad archi elettrici se non si utilizza un dispositivo progettato per questo tipo di alimentazione. Finché c'è luce solare all'esterno, i pannelli invieranno corrente continua lungo il cablaggio e, se è installato un interruttore a bilanciere, lo scatto per aprire il circuito potrebbe causare un arco prolungato. Questo, se mescolato ai fumi, potrebbe essere un'accensione non voluta.

Fusibili per il cablaggio

Perché sono necessari i fusibili per l'impianto fotovoltaico del camper o della barca? La risposta semplice è che ci sono rari periodi in cui è possibile che i fili si riscaldino a causa di picchi di corrente, di un malfunzionamento dell'apparecchio o anche di un cortocircuito nel cablaggio dovuto magari a roditori. Ma quando si verifica un picco di corrente e i fili si surriscaldano, essi fungono da filamento riscaldante e da fonte di accensione. Pur essendo il componente più piccolo dell'intero sistema, sono indubbiamente i più importanti quando si verifica un incidente.

La prima cosa da ricordare è che non è solo l'amperaggio dei pannelli solari, ma anche il modo in cui li si collega. Se li si collega in parallelo, la tensione può essere la stessa, ma le ampere sono additive. Quindi, se dal primo pannello provengono 5 ampere, quando si arriva al terzo pannello, il cablaggio trasporta 15 ampere. È necessario tenerne conto quando si cablano i pannelli e scegliere il calibro e il fusibile giusti. Se si inserisce un fusibile da 12 ampere nel primo segmento, funzionerà, ma se si inserisce un fusibile da 12 ampere nel secondo segmento, il fusibile si romperà. Un modo per risolvere questo problema è quello di posizionare i fusibili da 12 ampere sul pannello solare prima del combinatore e poi utilizzare un filo più spesso per legarli insieme. Se li posizionate in serie, non avrete questo problema.

Allo stesso modo, collocare un fusibile dopo il combinatore, dopo il controllore e dopo l'inverter. Utilizzate una regola empirica del 25% rispetto alla corrente di cortocircuito e mettete un fusibile a ogni giunzione. In questo modo si mantiene l'intero sistema in sicurezza.

Istruzioni di sicurezza per la manipolazione dei sistemi a energia solare

È giunto il momento di imparare a utilizzare i sistemi a energia solare in modo sicuro. I kit solari sono i più semplici da installare sui veicoli o a casa. Tuttavia, è necessario prendere alcune precauzioni per evitare incidenti.

Accertatevi che siano disponibili tutte le attrezzature e gli strumenti necessari per l'impianto solare. Tra questi, fusibili e portafusibili, pannelli solari, inverter, supporti, cavi, regolatori di carica e batterie.

Prima di conoscere le precauzioni per la sicurezza del sistema solare, ecco un elenco del contenuto di un kit solare.

Contenuto dei kit solari

- Regolatore di carica per pannelli solari
- Il regolatore solare è collegato al circuito della batteria
- Pannelli solari (almeno 100 o 150 watt)
- La ferramenta per il montaggio del piede comprende un bullone da 11 mm, un dado esagonale da 11 mm, una rondella e un bloccaggio.
- Cavo nero del pannello solare verso il regolatore
- Filo rosso del pannello solare verso il regolatore
- Strumenti e attrezzature per l'installazione solare
- Cacciavite a croce e chiave da 11 millimetri
- Sigillante autolivellante
- Una sega alternativa viene utilizzata per realizzare un regolatore da incasso.
- Trapano e punta da 3/8 di pollice

Scegliete come installare il vostro sistema solare

Fate spazio sufficiente per installare tutti i componenti del sistema solare. Il kit comprende sei metri di cavo. Si tratta di un cavo di 15 metri che va dal regolatore di carica solare alla batteria. Altri 15 piedi collegano i pannelli fotovoltaici al regolatore di carica. Il regolatore di carica solare è visibile solo dall'esterno.

Tuttavia, se si desidera installare il pannello su un furgone, un camper o un'automobile, è necessario stendere del legno, della fibra di vetro, della gomma o della latta. Se si collega il pannello a una stazione off-grid, assicurarsi che sia rivolto verso il sole durante le ore di massima illuminazione. In questo modo si migliorerà l'efficienza complessiva nell'arco della giornata. Tuttavia, per ottenere prestazioni ottimali, la loro posizione deve essere regolata frequentemente.

Tracciato o mappa del percorso che il filo dovrà seguire

Per garantire un cablaggio corretto, è necessario tracciare fin dall'inizio la direzione dei fili. Ciò consente anche di praticare i fori necessari e di instradare i fili. Se le altre estremità dei fili sono più grandi di 3/8 di pollice, i piccoli terminali ad anello sui fili devono essere alimentati dalle altre estremità. Sigillare i fori sul tetto con un sigillante autolivellante. In realtà non dovrebbero esserci fili collegati al pannello solare o alla batteria.

Foratura e taglio dei fori per il regolatore di carica

Tagliare e praticare i fori necessari per il funzionamento del circuito. Sul regolatore di carica solare sono presenti simboli come + -. Anche la batteria presenta i simboli + -. Si tratta di collegamenti sia positivi che negativi. Collegare il terminale positivo della batteria al terminale positivo del pannello solare prima di collegare i terminali negativi. A tale scopo si può utilizzare un cacciavite Philips. Controllare che tutti i collegamenti del regolatore di carica solare siano sicuri. Quindi, in superficie, serrare il regolatore di carica solare.

Installare i piedini di montaggio del pannello solare

Avvitare i piedini di montaggio al pannello solare utilizzando la ferramenta e una chiave da 11 millimetri. Questa installazione può richiedere l'uso di due chiavi. Sia la rondella di sicurezza che il bullone devono essere filettati. Passare attraverso i pannelli fotovoltaici e i fori dei piedini di montaggio. Prima di stringere le viti, collegare il dado esagonale e la rondella piatta.

Installare il pannello solare su qualsiasi superficie utilizzando gli strumenti appropriati. Utilizzando il sigillante autolivellante, mantenete i piedini di montaggio saldamente attaccati alla superficie. Inoltre, non dimenticate di sigillare e coprire la parte superiore delle viti alla fine dell'installazione.

Collegare il filo positivo all'asse positivo della batteria utilizzando un fusibile. Allo stesso modo, utilizzare un fusibile per collegare il filo negativo effettivo all'asse negativo della batteria. Verificare che i collegamenti dei fili siano saldi e stretti.

Se si utilizzano molte batterie, provare a collegarle nel modo descritto sopra. Dopo questi collegamenti, il vostro sistema solare è pronto a generare elettricità.

Per ulteriori informazioni sulla configurazione del regolatore di carica per la regolazione della batteria e su altre caratteristiche e funzionalità, è possibile consultare il manuale d'uso.

Procedure di spegnimento e riavvio

Prima di intervenire su qualsiasi cablaggio, spegnere sempre l'impianto fotovoltaico e assicurarsi che la corrente sia disattivata. Anche i piccoli impianti fotovoltaici residenziali generano elettricità sufficiente per uccidere! Gli incidenti possono essere evitati spegnendo l'impianto prima di effettuare lavori di manutenzione. Per spegnere l'intero impianto fotovoltaico, seguire la procedura corretta. Prima di toccare i cavi durante i lavori o in prossimità di essi, utilizzare un multimetro per verificare che l'impianto sia spento.

Non collegare o scollegare mai i fili mentre sono sotto carico. Il termine "carico" si riferisce a tutto ciò che assorbe energia da un circuito elettrico, causando il passaggio di corrente. Interrompere il circuito mentre la corrente scorre è pericoloso.

I sezionatori e gli interruttori sono i principali dispositivi di spegnimento per gli impianti fotovoltaici. Il sezionatore di corrente alternata della maggior parte degli impianti può essere bloccato in posizione "spento" fissando il braccio dell'interruttore con un lucchetto.

Durante i lavori sull'impianto domestico, il blocco del sezionatore impedisce a un'altra persona di attivare l'alimentazione dell'abitazione. Se un interruttore ha una funzione di blocco, usatela. I diversi sistemi hanno procedure di spegnimento leggermente diverse ed è fondamentale capire quali parti del sistema sono disabilitate "a tensione zero" e quali no.

Se si disattiva il sezionatore di corrente alternata, ad esempio, si interrompe l'alimentazione dei microinverter, spegnendo di fatto tutto tranne i pannelli solari e i loro cavi in un sistema a microinverter.

Con un inverter di stringa o un sistema off-grid, l'attivazione del sezionatore a spegnimento rapido interrompe l'alimentazione alla scatola combinata di disconnessione entro tre metri dal campo. Il campo e tutto il cablaggio tra i pannelli e la scatola combinatrice rimangono in vita. L'unico modo per far sì che il pannello solare smetta di produrre elettricità è coprirlo completamente in modo da non far passare la luce. Ma questo è raramente necessario per la manutenzione ordinaria del sistema.

Se il sistema è dotato di un generatore, spegnere il sezionatore del generatore per interrompere l'ingresso di corrente alternata e disabilitare la funzione di avvio automatico.

Attivare il pulsante o l'interruttore di spegnimento rapido del sistema P.V.. Se il sistema off-grid non è dotato di spegnimento rapido, spegnere tutti i sezionatori di corrente continua dal campo P.V..

Portare l'interruttore del sezionatore dell'impianto in posizione "OFF" e bloccarlo. In questo modo si assicura che l'inverter non sia sotto carico.

Portare il sezionatore D.C. dell'inverter in posizione "OFF". In questo modo si garantisce che l'inverter non possa fornire un'uscita in corrente alternata.

Disattivare il sezionatore principale del CC, che spegnerà il regolatore di carica del CC.

Come alimentare un sistema off-grid

Attivare il sezionatore principale del CC, che attiverà il regolatore di carica o gli interruttori del banco batterie.

Portare il sezionatore dell'inverter in posizione "ON".

Portare l'interruttore del sezionatore dell'impianto in posizione "ON".

Se il sistema è dotato di un generatore, attivare il sezionatore del generatore per avviare l'ingresso di corrente alternata e abilitare qualsiasi funzione di avvio automatico.

Altre regole di sicurezza per la gestione degli impianti solari

1. Non lavorare in caso di maltempo. È sconsigliabile lavorare su impianti solari in condizioni meteorologiche avverse, come pioggia, nebbia e foschia. Se dovete lavorare, assicuratevi di indossare i dispositivi di protezione individuale appropriati, come scarpe antiscivolo, caschi e guanti. Anche il clima ventoso può destabilizzare i pannelli, facendoli oscillare o staccandoli completamente. Questo potrebbe causare la caduta dei pannelli e il loro danneggiamento.

2. Evitare di sedersi o stare in piedi sui pannelli solari. Non lasciate cadere oggetti pesanti sui pannelli. La pressione può rompere i rivestimenti in vetro e causare lesioni. Inoltre, la pressione potrebbe danneggiare i pannelli e causare scosse elettriche.

3. Assicuratevi che la guaina della casa non sia bagnata. Questo può causare perdite nel tetto. Questo problema si verifica di solito negli edifici nuovi, ma anche nelle vecchie case. Potrebbe verificarsi se le tegole vengono rimosse durante l'installazione.

4. Assicuratevi che l'area sotto i vostri pannelli solari sia pulita.

5. Evitare di installare i pannelli solari in un ambiente corrosivo. Questo tipo di installazione è contrassegnata dalla sigla C5 dell'International Standard Organization (ISO).

6. Se lavorate sui tetti, assicuratevi di avere linee di vita, reti di sicurezza e imbracature.

7. Applicare strumenti isolati ogni volta che si lavora su un sistema solare.

8. Evitare di utilizzare luci ingrandite o artificiali sul sistema solare.

9. Non montare i pannelli fotovoltaici vicino a prese di gas infiammabili per evitare esplosioni e incendi.

10. Non indossare gioielli metallici mentre si lavora agli impianti solari.

11. Utilizzare materiali opachi per coprire i pannelli mentre si lavora sul sistema di circuiti. In questo modo si eviterà la produzione di elettricità.

12. Se vi trovate in una zona a meno di 0,3 miglia dal mare o dall'oceano, non installate i vostri pannelli fotovoltaici. Le nebbie e i vapori salini possono intaccare i pannelli e causare scosse elettriche o danni.

13. Montate i pannelli fotovoltaici su un tetto robusto che possa sostenere i dispositivi in modo sicuro.

14. Prima di installare un pannello fotovoltaico, assicurarsi che l'intero dispositivo sia collegato a terra in modo corretto e sicuro per evitare folgorazioni.

15. Rispettare tutte le linee guida per l'installazione dell'elettricità nella propria comunità. L'autorità elettrica locale può fornire ulteriori consigli.

16. Controllare tutte le scale e i ponteggi prima di utilizzarli.

17. Non lavorare in zone ventose o innevate. Questo per evitare di cadere o scivolare dall'alto.

18. Esaminare tutti gli utensili elettrici per verificarne il corretto funzionamento.

19. Lavorare sui tetti richiede una maggiore cautela.

20. Non lavorare con attrezzi bagnati, in condizioni scivolose o dopo le piogge.

21. Applicare una guarnizione per condotti o raccordi impermeabili per evitare che l'umidità si infili nel sistema di condotti. Questo potrebbe danneggiare i pannelli.

22. Se il sistema di circuiti passa attraverso le pareti, assicurarsi di fissare la guaina metallica per coprire i fili esposti a pioggia, luce solare e vento. In questo modo si eviteranno cortocircuiti o scosse nel sistema.

23. Evitare luoghi con oggetti che cadono.

24. Si consiglia di utilizzare i ponteggi se si deve salire a un'altezza di almeno due metri dal suolo. Non utilizzare scale per queste altezze.

25. Coinvolgere un partner che tenga la scala per voi mentre vi arrampicate per installare il pannello.

26. Collegare un cavo di messa a terra dai pannelli installati alla terra. In questo modo si evitano le scosse elettriche.

Elementi del pannello solare

È importante capire le differenze tra i pannelli solari e le funzioni di ciascun tipo, in modo da sapere come utilizzarli al meglio.

Regolatori di carica solare

Un regolatore di carica è un dispositivo elettronico la cui funzione è quella di controllare lo stato di carica di una batteria per garantire una carica ottimale, prolungando così la durata della batteria.

Installato tra il campo fotovoltaico e la batteria, il condizionatore di carica solare è responsabile del controllo del flusso di energia tra i due elementi. Il controllo del trasferimento di energia avviene grazie al controllo dei parametri di corrente (I) e tensione (V) durante ogni fase di carica.

Caratteristiche del regolatore di carica

- Il regolatore è configurato per la batteria collegata e applica l'algoritmo appropriato per massimizzare la durata della batteria.
- Inoltre, protegge la batteria da possibili sovraccarichi e sovratensioni, compensando la tensione più elevata del campo fotovoltaico in modo da non danneggiare la batteria a seconda dello stato di carica in un determinato momento.
- A seconda del produttore, il regolatore può essere integrato con un display esterno o un dispositivo di comunicazione, oppure, se è del tipo 3-in-1, può essere integrato nell'inverter stesso.

Tipi di regolatori di carica

Il regolatore di carica dirige e controlla il flusso di energia tra la batteria e il pannello solare. Ne esistono due tipi: Regolatore di carica PWM e MPPT.

Regolatore di carica PWM

Impulsa, interrompendo il flusso di energia tra i pannelli e le batterie solo quando sono completamente cariche. Per funzionare correttamente, deve avere la stessa tensione nominale sul pannello solare e sulla batteria, cioè se abbiamo una batteria da 12 V, possiamo caricarla solo con il pannello da 12 V. I pannelli solari funzionano con la tensione della batteria durante la fase di carica, un punto di funzionamento che non è al di sotto dell'intensità massima che il pannello può fornire, quindi vengono prodotti senza tutta l'energia solare e sono più economici.

Se si desidera una maggiore potenza di carica, è possibile collegare in parallelo più pannelli da 12 V per non aumentare la tensione.

Con un regolatore di carica PWM, il modulo lavora con la tensione di carica della batteria, con conseguente perdita di potenza. Una volta che la batteria raggiunge la tensione indicata, inizia a bloccare il contatto tra il modulo e la batteria per evitare un sovraccarico; questa fase è detta di assorbimento, ma ciò comporta un calo dell'efficienza energetica, che rappresenta un grosso ostacolo. I suoi punti di forza sono il prezzo e la facilità di trasporto grazie alla sua leggerezza.

Regolatore di carica MPPT

Sono chiamati anche massimizzatori perché il loro funzionamento sfrutta la massima potenza dei pannelli solari per caricare le batterie. Oltre a tagliare la corrente alla batteria durante la carica, questo tipo di regolatore ottiene anche la massima potenza dal pannello, consentendogli di funzionare al massimo. Regola internamente la tensione, che è sempre superiore a quella della batteria, alla tensione richiesta, con un'elevata efficienza di conversione, guadagnando forza e risparmiando sulla produzione totale di energia. È l'opzione migliore per ottenere il massimo dal proprio pannello solare, dove il costo aggiuntivo più che compensa la sua capacità di produzione superiore. Pur potendo lavorare con pannelli e celle alla stessa tensione nominale, funzionano in modo più efficiente se si aumenta la tensione del campo fotovoltaico.

A differenza del PWM, i regolatori MPPT includono il tracciamento del punto di massima potenza (da cui l'acronimo) e un trasformatore DC-DC (che converte l'HVDC in HVDC durante la carica della batteria). Questo regolatore lavora con il modulo alla tensione più appropriata in un dato momento per estrarre la massima potenza o limitarla alla fase di caduta o di galleggiamento (fase in cui il regolatore deve mantenere la batteria carica ed evitare sovraccarichi e scarichi).

I regolatori MPPT sono più utili perché vi sono più moduli fotovoltaici collegati rispetto ai PWM a causa dell'incompatibilità di tensione e di un maggior numero di uscite. Tuttavia, se lavoriamo con il fotovoltaico a bassa potenza, possiamo anche utilizzare un regolatore di carica PWM.

Come scegliere un regolatore di carica?

Il regolatore PWM fornisce diversi numeri: tensione di esercizio (12, 24, 48) e corrente (10, 20, 30... ampere). Per caricare un impianto a 12 V possiamo utilizzare solo pannelli a quella tensione. Non dobbiamo mai superare la corrente e la potenza indicate dai regolatori che producono i nostri pannelli in parallelo.

Il regolatore MPPT fornisce 3 numeri: la tensione operativa alla batteria, la tensione operativa massima al pannello e l'intensità di carica della batteria. In nessun caso si deve superare la tensione operativa del pannello, il che ci consentirà di organizzare i suoi collegamenti in modo che sia sempre superiore alla tensione della batteria e di osservare i numeri VOC sulla scheda tecnica del pannello. D'altra parte, l'intensità di carica della batteria ci dirà la potenza totale del pannello che il regolatore può gestire. Se è di 200W a 12V, sarà di 400W a 24V. Può superare i valori di potenza installata, limitando il regolatore alla potenza massima che può caricare.

Infine, è necessario ricordare che alcuni pannelli caricano correttamente la batteria solo se si utilizzano regolatori MPPT e li si collega a coppie o a gruppi di tre. In alcuni casi, non produrranno una tensione sufficiente per alimentare la batteria a piena carica, danneggiandola prematuramente.

Il mio consiglio è di seguire le istruzioni del produttore e, in caso di dubbi, chiedere e consultare, poiché molti guasti negli impianti solari sono causati da cattivi collegamenti tra il pannello e il regolatore di carica.

Banca di batterie solari

Il pacco batterie dell'impianto fotovoltaico o accumulatore ha il compito di immagazzinare l'energia in modo da poterla fornire in quel preciso momento indipendentemente dalla produzione elettrica del generatore fotovoltaico, come riserva per le giornate o le notti nuvolose. Sono costituiti principalmente da due elettrodi immersi in un elettrolita, che provocano reazioni chimiche durante la carica e la scarica.

Unità di misura della capacità energetica

La capacità di una batteria è determinata dalla quantità di energia che può essere estratta da essa prima che si scarichi completamente (quando è completamente carica). La capacità si misura in ampere all'ora (Ah) per un determinato tempo di scarica.

La capacità della batteria può essere definita; ad esempio, se la capacità è indicata come C20, questa rappresenta la quantità di energia estratta dalla batteria in 20 ore a una temperatura di 20°C fino a quando la tensione entra in ogni morsetto Vetro 1,8V. Se si scarica rapidamente, la capacità della batteria diminuisce; al contrario, se il tempo di scarica aumenta e diventa più lento, la capacità della batteria sarà maggiore. Quindi, se abbiamo una batteria con C100=250Ah, la batteria può fornire 250A per 100 ore.

I produttori di solito forniscono informazioni sulla capacità della batteria a diversi tempi di scarica. La capacità C100 viene spesso utilizzata per i calcoli.

Profondità di scarico

È il rapporto (espresso in percentuale) tra la carica ottenuta dalla batteria e la capacità nominale. Ad esempio, se una batteria da 250 Ah viene sottoposta a una scarica di 100 Ah, significa che l'intera batteria si è scaricata del 40%. La durata della batteria è determinata dal numero di cicli di carica e scarica che può sopportare con una determinata profondità di scarica. È inoltre proporzionale alla profondità di scarica abituale. Ad esempio, in una singola cella con una durata di 180 cicli e una profondità di scarica dell'80%, la scarica viene ridotta del 30%, il che significa che la durata della batteria può essere aumentata a 1000 cicli.

Aspettativa di vita

L'aspettativa di vita è generalmente misurata in anni. Tuttavia, i produttori specificano che la durata prevista di una batteria si basa sul numero di cicli. Le batterie perdono capacità con il passare del tempo e quando perdono il 20% della loro capacità originale, si considera che abbiano raggiunto la fine della loro vita utile, anche se sono ancora utilizzabili. È necessario tenerne conto fin dall'inizio della progettazione del sistema.

La profondità di scarica DOD (profondità di scarica) si riferisce alla percentuale di capacità utilizzata. Durata della batteria (numero di cicli di carica e scarica) in funzione del DOD (percentuale di capacità della batteria). Si stima che una batteria a basso ciclo, inferiore al 25% di DOD, abbia una durata di almeno 4000 cicli. Se si utilizzasse la stessa batteria ma con cicli all'80% di DOD, la sua durata si ridurrebbe a 1500 cicli (considerando che 1 ciclo equivale a 1 giorno).

Inverter solari

Gli inverter solari, noti anche come inverter fotovoltaici, convertono la corrente continua generata dai pannelli solari in corrente alternata, che può essere utilizzata in casa, immagazzinata nelle celle solari o immessa nella rete.

Tuttavia, quando si parla di questi sistemi, di solito si pensa solo ai pannelli solari installati sui tetti o in altri spazi, ma gli impianti solari hanno anche altri elementi necessari a garantirne il funzionamento, tra cui spiccano gli inverter.

Conosciuto anche come inverter fotovoltaico, questo componente è in grado di convertire l'energia prodotta dai pannelli solari per l'utilizzo in casa, nello studio o nel luogo di rifugio.

Da qui il nome di inverter, che ha il compito di convertire la corrente continua in uscita dal pannello solare in corrente alternata, utilizzata da tutti gli apparecchi commerciali.

Come funziona l'inverter solare

I pannelli solari hanno il compito di ricevere la radiazione solare e di convertirla in elettricità attraverso il processo fotovoltaico. I pannelli solari sono costituiti da strati positivi e negativi di semiconduttori di silicio cristallino o arseniuro di gallio collegati da giunzioni. Questi strati assorbono la luce solare e inviano la sua energia alle celle fotovoltaiche.

Tuttavia, questa corrente è continua (DC) e variabile, quindi è necessario un inverter solare per convertirla in corrente alternata (AC). In Spagna, lo standard utilizzato è 230 V, quindi l'inverter ha il compito di fornire questa tensione in modo che i vari elettrodomestici e dispositivi elettronici possano funzionare in modo ottimale.

Oltre a essere responsabili dell'effettiva conversione della corrente continua in corrente alternata, gli inverter solari svolgono altre importanti funzioni:

- Migliorare le prestazioni dell'impianto: l'inverter è responsabile dell'utilizzo di tutta l'energia elettrica generata dal pannello solare e, allo stesso tempo, della stabilizzazione dell'onda elettrica per garantire un'alimentazione stabile all'interno dell'intervallo specificato, evitando danni agli elettrodomestici e ad altre apparecchiature elettriche ed elettroniche.

- Controllo e protezione: L'inverter monitora continuamente il sistema e analizza le prestazioni energetiche. Rileva qualsiasi evento e avverte di eventuali errori; è inoltre responsabile della dissipazione del calore generato.

Come vengono classificati gli inverter solari?

Gli inverter solari sono classificati a seconda che si tratti di sistemi fotovoltaici connessi alla rete o off-grid.

Inverter collegato alla rete

Gli inverter solari che collegano gli impianti fotovoltaici, sia per l'utilizzo che per la vendita di energia, devono essere sincronizzati con la rete elettrica tradizionale. Si chiamano inverter connessi alla rete e sul mercato attuale se ne trovano di 3 tipi:

- Inverter a stringa: è il tipo di inverter più comunemente utilizzato nei sistemi autoconsumanti. I pannelli solari sono collegati in serie e l'energia prodotta arriva direttamente all'inverter. Quando i pannelli non sono influenzati dall'ombreggiatura, sono altamente efficienti e si possono installare ottimizzatori per aumentarne l'efficienza.

- Inverter stringa-grid con ottimizzatore: L'ottimizzatore è posizionato accanto o integrato in ogni pannello solare. L'energia ottenuta da ciascun pannello viene inviata all'inverter di stringa, aumentando l'efficienza del sistema. Inoltre, le prestazioni di ciascun pannello solare possono essere monitorate individualmente.

- Inverter distribuiti o microinverter: Sono collocati singolarmente su ogni pannello solare per ridurre al minimo gli effetti negativi dell'ombreggiamento, in quanto l'impianto fotovoltaico continuerà a generare energia, anche se alcuni pannelli potrebbero avere un rendimento inferiore a causa dell'ombreggiamento. Inoltre, consentono di monitorare l'efficienza di ogni pannello individualmente.

L'inverter per i sistemi fotovoltaici off-grid

Questo inverter viene utilizzato negli impianti fotovoltaici e non è collegato alla rete elettrica generale, per cui è necessaria la presenza di batterie. Sono utilizzati principalmente nei sistemi di generazione di energia fotovoltaica in aree remote o sulle navi.

Hanno il compito di convertire la corrente della batteria in 220 V, fornendo un'alimentazione efficiente agli elettrodomestici e ad altri dispositivi elettrici o elettronici. Sono programmati per interrompere l'alimentazione quando la tensione è troppo bassa. Consentono inoltre l'installazione di un caricabatterie che si attiva per caricare la batteria quando la tensione è troppo bassa.

Inverter ibrido

Sono progettati per raccogliere energia dalla rete elettrica e dalle celle solari. Vengono utilizzati in luoghi in cui l'alimentazione elettrica è difficile.

Conduttori e connettori

L'MC4 consente di collegare i moduli in modo che i pannelli (o le stringhe) possano essere facilmente costruiti spingendo semplicemente a mano i connettori dei pannelli adiacenti. In caso di disconnessione, questi devono essere scollegati utilizzando uno strumento speciale chiamato chiave per connettori MC4; per garantire che non vengano accidentalmente scollegati tirando il cavo. Tutti i pannelli solari prodotti dal 2011 sono dotati di MC4 e sono universali nel mercato solare.

Design e struttura

Il sistema MC4 consiste in un design a spina e presa. I connettori maschio e femmina sono inseriti in un alloggiamento di plastica. Per una corretta tenuta, l'MC4 richiede il corretto diametro del cavo. In genere, un doppio isolamento e una protezione dai raggi UV (la maggior parte dei cavi si deteriora se utilizzati all'aperto senza luce solare).

In genere, una coppia di MC4 è composta da un totale di 10 pezzi, 5 pezzi per connettore, come segue:

Note importanti:

Anche nei sistemi a bassa tensione (12-48 V), è molto importante non collegare o scollegare sotto carico. L'arco elettrico può danneggiare gravemente i materiali a contatto, causando un'elevata resistenza e un surriscaldamento, in parte dovuto alla corrente continua (DC), mentre se si utilizza la corrente alternata (AC), l'arco si autoestingue nel punto in cui la tensione è a zero.

I connettori a spina che non sono prodotti da Multi-Contact (MC), ma che si accoppiano con i prodotti Multi-Contact (MC) del produttore e sono talvolta descritti dal produttore come "MC compatibili", non sono idonei. Per motivi di sicurezza, si sconsiglia di collegarli a connessioni elettriche sicure e stabili a lungo termine. Pertanto, MC non è responsabile se questi connettori non approvati vengono accoppiati con i componenti MC.

Per evitare la formazione di archi elettrici quando l'MC4 viene scollegato, è necessario installare un interruttore vicino alla connessione per aprire il circuito senza il rischio di archi elettrici. I connettori MC4 hanno una tensione nominale di 30 A e sono progettati per conduttori di 12 e 10 AWG (4 e 6 mm2).

Per installare correttamente il connettore MC4, sono necessari due strumenti fondamentali. Il primo strumento essenziale è il morsetto di punzonatura MC4, che viene utilizzato per bloccare i pin; è molto importante perché funziona con la giusta pressione per bloccare i pin al cavo.

L'uso di comuni dime o la semplice piegatura manuale dei perni di fissaggio è rischioso a causa del rischio di archi elettrici dovuti a perni allentati.

Il secondo strumento è una chiave MC4 che stringe il cappuccio del terminale per fissare il connettore, la stessa chiave utilizzata per scollegare i terminali MC4.

Banca di batterie solari

I sistemi solari off-grid, noti anche come sistemi "standalone", sono progettati per funzionare in modo indipendente dalla rete. Poiché il vostro impianto solare non genera elettricità durante le ore notturne, per garantire un flusso di energia continuo, il sistema deve immagazzinare un po' di energia supplementare nelle batterie.

Le batterie solari svolgono il loro compito nei sistemi fotovoltaici immagazzinando l'energia generata dal campo solare. Sebbene esistano alcune recenti tecnologie di batterie con inverter integrati che offrono una conversione integrata dell'energia, nella maggior parte dei sistemi esistenti l'energia viene inviata dalle batterie agli inverter per essere convertita in corrente alternata adatta agli apparecchi a corrente alternata.

Nelle ore diurne ad alta intensità solare (di solito dalle 10 alle 14), quando la produzione di energia del campo supera il fabbisogno di consumo, le batterie sono utili per immagazzinare l'energia in eccesso. Maggiore è la capacità della batteria, maggiore è l'energia che può essere immagazzinata.

Che cos'è una batteria a ciclo profondo?

Una batteria a ciclo profondo, come tutte le opzioni solari, è progettata per fornire una potenza costante per un periodo di tempo significativo fino a quando non si scarica al limite consigliato. Questo tipo di batteria è diverso dalle batterie per auto, che devono essere sempre pronte a generare una scarica di potenza elevata per avviare il motore dell'auto, ad esempio. Come si evince da questa definizione, i sistemi fotovoltaici off-grid e ibridi possono utilizzare solo batterie a ciclo profondo. Ai sistemi solari possono essere abbinati diversi tipi di batterie a ciclo profondo, come quelle al piombo, agli ioni di litio, al nichel e a flusso.

Tipi di batterie

Le batterie agli ioni di litio e quelle al piombo sono in realtà le due chimiche più diffuse per i sistemi off-grid. In effetti, non si differenziano solo per la chimica, ma anche per molti altri aspetti, come il costo, la durata e la capacità.

La tecnologia agli ioni di litio è più recente e superiore a quella al piombo in quasi tutti i settori, a parte il prezzo. Se da un lato offrono maggiore efficienza, capacità, profondità di scarica e durata di vita, dall'altro, purtroppo, costano molto di più dei loro concorrenti di vecchia concezione.

Le batterie al nichel-cadmio e le batterie a flusso sono altri tipi di batterie solari. Sono raramente utilizzate per scopi residenziali o ricreativi e non saranno trattate in questa sede.

Batterie al piombo a ciclo profondo

Questa tecnologia è stata utilizzata per l'accumulo di energia per più di un secolo. Grazie alla loro affidabilità e al loro basso costo, queste batterie sono ancora la scelta ideale per gli impianti fotovoltaici di piccole e medie dimensioni.

Il principale svantaggio di queste batterie è la loro manutenzione, soprattutto nei tipi allagati, che necessitano di ventilazione e di frequenti rabbocchi. Le considerazioni sulla ventilazione comportano anche problemi di installazione. La durata di vita più breve (da sette a dieci anni) e la profondità di scarica sono altri svantaggi. Queste batterie dovrebbero essere scaricate solo fino al 50% della loro capacità per evitare danni permanenti. Le batterie al piombo Deka o Crown Battery sono tra le migliori opzioni da scegliere.

Meccanica delle batterie al piombo

Una batteria al piombo è composta dai seguenti scomparti:

1. Piastre di piombo
2. Soluzione diluita di acido solforico, nota come elettrolita
3. Elettrodo negativo (anodo)
4. Elettrodo positivo (catodo)

Le piastre di piombo funzionano come un separatore che blocca il collegamento diretto tra due elettrodi opposti. Durante il periodo di carica, al catodo si produce ossido di piombo, mentre durante la scarica gli ioni di solfato lasciano l'elettrolita e si produce acqua. Se la batteria viene sovraccaricata, si può formare un gas infiammabile, l'idrogeno. Questo aumenta il rischio di esplosione, da cui l'importanza di un monitoraggio e di una ventilazione adeguati delle batterie.

Tipi di batterie al piombo

1. Le batterie allagate sono il tipo tradizionale utilizzato per l'avviamento dei motori di motocicli, carrelli da golf e sistemi di energia solare a ciclo profondo. Quando la batteria si asciuga, l'utente può aprire il coperchio per aggiungere acqua distillata.

2. Le batterie sigillate utilizzano la stessa meccanica di quelle allagate, ma prima di sigillare la batteria viene aggiunta una quantità sufficiente di liquido. Come dice il nome, non è possibile aggiungere acqua distillata a questo tipo di batterie.

3. Le batterie al piombo-acido regolate da una valvola (VRLA) sono batterie al piombo-acido sigillate e dotate di un meccanismo di regolazione che consente all'ossigeno e all'idrogeno di uscire in modo sicuro dalla batteria.

4. Le batterie al gel assorbito opaco (AGM) sono una variante delle batterie al piombo-acido VRLA, costruite con una tecnologia più avanzata per mantenere gli elettroliti in sospensione intorno alle piastre attive, in modo da fornire una discreta profondità di carica e scarica. Tra gli usi di questo tipo di batterie si annoverano l'energia solare e l'accumulo.

5. Le batterie al piombo gel utilizzano lo stesso meccanismo di sospensione dell'elettrolito, anche se, grazie all'aggiunta di silice agli ingredienti, non sono considerate celle umide. Se da un lato offrono una durata di vita leggermente superiore in condizioni climatiche più calde, dall'altro è più probabile che abbiano una durata di vita inferiore se caricate con una tensione sbagliata.

Caratteristiche e terminologie delle batterie al piombo-acido

Per iniziare a capire meglio l'argomento, è necessario fare un'immersione in alcune terminologie. Alcune di esse potrebbero essere necessarie per un uso e una manutenzione corretti del vostro banco batterie dell'impianto fotovoltaico.

- La capacità totale è definita come l'accumulo massimo di energia della batteria e si misura in ampere/ora. Una batteria da 100 ampere/ora fornisce la metà della capacità di una batteria da 200 ampere/ora.

- Il peso specifico è in realtà definito come il rapporto tra la densità dell'elettrolita e la densità dell'acqua pura.

- La resistenza interna è nota come resistenza causata dalla batteria stessa.

- Il Cranking Amps (CA) è definito come la corrente generata dalla batteria a 32°F per 30 secondi con una tensione di 7,2 volt.

- Il CCA (Cold Cranking Amps) è definito come la corrente generata dalla batteria a 0°F per 30 secondi con una tensione di 7,2 volt.

- La capacità di riserva (RC) indica il tempo, espresso in minuti, durante il quale una batteria può scaricare 25 ampere a 80°F rimanendo comunque al di sopra dei 10,5 volt.

- La profondità di scarica è definita come la percentuale di accumulo della batteria che può essere utilizzata in modo sicuro prima di danneggiarla. Le batterie al piombo si danneggiano gravemente se scaricate oltre il 50%; infatti, la profondità di scarica ideale per le batterie al piombo è di circa il 40%. In questo modo si garantisce una lunga durata di vita; tuttavia, per soddisfare il fabbisogno totale di elettricità dei vostri apparecchi, avrete bisogno di una batteria più grande.

- La corrente C (fattore di carico) è definita come la velocità con cui la batteria scarica la sua capacità totale a 25°C durante un certo periodo di tempo (5, 10 o, più spesso, 20 ore). Una batteria da 100 ampere/ora e 20 ore di autonomia, ad esempio, avrà una corrente di scarica come quella indicata di seguito:

Corrente di scarica (ampere) = 100 ampere ora / 20 ore = 5 ampere

La corrente di scarica (5 ampere) indica la corrente con cui la batteria si svuota in 20 ore. Ora, se dividiamo la corrente di scarica per il totale degli ampere-ora della batteria, troveremo il tasso C:

C tasso = 5 amp / 100 amp-ora = 0,05°C tasso (fattore di carico)

- La tensione nominale delle batterie più diffuse sul mercato è 12, 24 o 48. La tensione di una batteria è legata alla tensione degli altri componenti fotovoltaici e non determina la capacità di accumulo del sistema.

Solfatazione delle batterie al piombo

La causa più frequente di danni alla batteria e della sua breve durata è la solfatazione, un processo in cui si formano cristalli di zolfo sulle piastre di piombo, impedendo la reazione chimica necessaria. Questo fenomeno è spesso dovuto a un basso livello di carica o di elettrolito della batteria; pertanto, è necessario tenere sempre sotto controllo queste due importanti caratteristiche.

Monitoraggio di una batteria al piombo allagata

I due parametri sopra citati devono essere sempre monitorati, soprattutto in una batteria al piombo-acido allagata. Per il monitoraggio e la ricarica di una batteria al piombo-acido allagata sono necessari i seguenti strumenti:

1. Acqua distillata.
2. Voltmetro, per determinare la tensione della batteria.
3. Idrometro a compensazione di temperatura per determinare il peso specifico della batteria.
4. Guanti e occhiali di sicurezza adeguati.

Per mantenere il livello dell'elettrolito e il livello di carica delle batterie al piombo-acido allagate sono necessarie frequenti manutenzioni e ricariche; nelle batterie al piombo-acido AGM, invece, questi due fattori non possono essere modificati, il che significa che le batterie al piombo-acido AGM sono meno soggette a danni.

Come già detto, due fattori hanno un impatto significativo sulla salute della batteria: il livello del liquido e lo stato di carica.

- **Livello del fluido**

Aprendo il coperchio della batteria al piombo allagata, è possibile controllare il livello di acqua mineralizzata (distillata). Sebbene la maggior parte delle batterie abbia un livello di riempimento, si può essere certi di avere acqua a sufficienza se non è visibile alcuna superficie metallica di piombo. Assicuratevi di non riempire troppo la batteria; la quantità massima dovrebbe essere di solito mezzo centimetro sotto il tappo. Tenete sempre conto delle misure di sicurezza sopra menzionate.

- **Stato di carica e livello di scarica**

Controllando la tensione e il peso specifico, è possibile determinare in modo semplice la profondità di scarica e lo stato di carica di una batteria al piombo-acido.

La tabella seguente contiene i dati relativi alla profondità di scarica in relazione alla tensione e al peso specifico per una batteria da 12 volt. È possibile raddoppiare le cifre e utilizzarle anche per una batteria da 24 volt.

Considerazioni sulla ricarica

Esistono tre fasi principali di ricarica che è importante conoscere prima di impostare la batteria:

1. La carica flottante o di mantenimento ha lo scopo di caricare la batteria alla stessa velocità con cui la si scarica, mantenendo la batteria completamente carica.

2. La carica di massa è necessaria quando si carica una batteria completamente scarica. La tensione sale fino a raggiungere la tensione massima consigliata.

3. Fase di assorbimento, che segue la fase di massa in cui la tensione viene mantenuta al massimo, mentre l'amperaggio diminuisce fino a quando la batteria è completamente carica.

I risultati migliori si ottengono con regolatori di carica regolabili programmati per le fasi citate e secondo le raccomandazioni del produttore della batteria. Nei piccoli sistemi off-grid, il periodo di carica è considerevolmente breve per la carica di massa e di assorbimento; pertanto, si può facilmente impostare la stessa tensione per entrambe le fasi.

Effetto della temperatura

Per caricare una batteria al piombo-acido a temperature più alte o più basse di quelle ottimali, è necessario tenere conto di considerazioni particolari, la più importante delle quali è la regolazione della tensione. Queste batterie devono essere caricate con una tensione più alta in condizioni di freddo e con una tensione più bassa in condizioni di caldo.

Inoltre, quando le batterie al piombo-acido si raffreddano, la loro capacità diminuisce e anche il carico e la velocità di carica ne risentono. Questi fattori possono compromettere seriamente la capacità di stoccaggio. A temperature più elevate, inoltre, vi è il rischio di correnti più elevate e, di conseguenza, di incendi; pertanto, è necessario tenere conto di alcune considerazioni per dimensionare il banco batterie e il sistema.

Legge di Peukert

A temperature più basse, la capacità delle batterie al piombo-acido si riduce. Ciò è spiegato dalla legge di Peukert. Considerando la resistenza interna della batteria e il tasso di recupero, la legge di Peukert ha formulato un esponente che indica il tempo di scarica effettivo di una batteria. Più piccolo è il numero, più lungo è il tempo di scarica effettivo. Le batterie al piombo hanno un numero di Peukert compreso tra 1,3 e 1,5. Vediamo come funziona:

Una batteria da 100 ampere-ora con una velocità di scarica di 20 ampere e un esponente di Peukert di 1,3 si scarica completamente in (100 ampere-ora/20 amp =) 5 ore; tuttavia, per conoscere il tempo di scarica effettivo, è necessario dividere la batteria per l'esponente di Peukert, in questo caso 1,3 (5 / 1,3 = 3,8 ore, il tempo di scarica effettivo). Inoltre, la temperatura può influire su questi valori. L'immagine seguente mostra come le temperature più elevate aumentino la capacità e diminuiscano il tasso C (fattore di scarica o di carico).

La temperatura può essere dannosa per la batteria e la sua durata, oltre a rappresentare un rischio di incendio. Quando la temperatura è elevata, per una determinata corrente di carica è necessaria una tensione più bassa. Quando la tensione si riduce, la corrente aumenta per compensare e mantenere costante l'equazione:

$V = I * R$

L'aumento della corrente, insieme al calore generato dal processo di carica, può portare a una situazione chiamata "runaway", che se non viene controllata può provocare incendi.

A causa delle diverse procedure di produzione, le varie batterie al piombo-acido richiedono modifiche diverse, soprattutto per quanto riguarda la tensione di carica. La quantità di tensione di compensazione della temperatura è facilmente reperibile nella scheda tecnica delle batterie al piombo-acido. È necessario programmare il regolatore di carica in base alla tensione di compensazione della temperatura e alla temperatura locale in cui si trova la batteria. Non dimenticate che ogni cella è composta da due volt; pertanto, una batteria da 12 volt è composta da (12 volt/2 volt=) 6 celle.

In alternativa, se si desidera una corrente di carica costante, si raccomanda una riduzione di circa 3 millivolt per ogni grado Celsius al di sotto dei 25°C.

Due tipi comuni di batterie al piombo-acido (VRLA e FLA) richiedono considerazioni diverse in termini di carica e manutenzione. Di seguito sono riportate le principali differenze relative alla manutenzione di questi due tipi di batterie.

Carica e manutenzione delle batterie VRLA rispetto a quelle FLA

Le batterie al piombo-acido allagate e non sigillate sono quelle che richiedono più manutenzione di tutti i tipi di batterie al piombo-acido. Devono essere riempite frequentemente. Per quanto riguarda la ventilazione, hanno bisogno di uno spazio adeguatamente ventilato ed è una buona idea collegare il box della batteria a uno spazio esterno. Nei sistemi più grandi è necessario installare ventole di ventilazione. Come spiegato in precedenza, ciò è dovuto alla natura di rilascio di idrogeno di questo tipo di batterie, soprattutto se sovraccaricate.

Le batterie VRLA, invece, non possono essere ricaricate perché sono sigillate dal produttore. Poiché rilasciano gas solo in caso di sovraccarico, è necessario tenere conto della ventilazione, anche se non in modo così rigoroso come nel caso delle batterie FLA.

Il livello di scarica delle batterie FLA dovrebbe essere determinato misurando il loro peso specifico con un idrometro; tuttavia, nel tipo VRLA (e AGM e GEL), ciò è impossibile a causa della loro natura sigillata. Le batterie FLA accettano la più ampia gamma di tolleranza di tensione tra le batterie al piombo-acido. Di conseguenza, è necessario collegarle a un regolatore di carica appropriato con un programma di carica adeguato.

Le batterie VRLA sono molto più sensibili alla tensione rispetto alle batterie FLA. Per avere una durata abbastanza lunga, richiedono una carica adeguata. A tensioni superiori a quelle raccomandate, la batteria si riscalda e viene rilasciato del gas, con conseguenti danni permanenti alla batteria. Il rilascio di idrogeno in questa situazione comporta il rischio di danni irreversibili alla batteria, mentre nel caso di FLA è molto meno rischioso. La scelta di un regolatore di carica adeguato è la chiave per avere una batteria VRLA ben mantenuta.

Come dice il nome stesso, le batterie al piombo-acido allagate (sia sigillate che non) non possono essere posizionate sul lato a causa del rischio di perdite. Le batterie VRLA possono essere orientate lateralmente, offrendo così una maggiore flessibilità per il posizionamento e l'installazione delle batterie.

Batteria agli ioni di litio

Con la crescente popolarità dei veicoli elettrici, la tecnologia agli ioni di litio si è rivelata incredibilmente utile e affidabile per l'immagazzinamento dell'energia elettrica. Queste batterie sono ora comunemente utilizzate anche in quasi tutti i dispositivi elettrici senza fili, come computer portatili, telefoni cellulari, ecc.

Tesla Powerwall e LG Chem sono i pionieri della tecnologia delle batterie agli ioni di litio utilizzate nei sistemi di accumulo solare residenziali.

Mentre le batterie al piombo sono più adatte a sistemi off-grid piccoli e poco utilizzati, le batterie agli ioni di litio si adattano meglio a sistemi più grandi. La maggiore durata e profondità di scarica, l'efficienza e la capacità più elevate fanno di questo nuovo arrivato un'opzione ideale per scopi residenziali.

Le batterie agli ioni di litio sono molto più costose di quelle al piombo. Il costo più elevato e la chimica a rilascio di calore delle batterie agli ioni di litio sono gli unici aspetti negativi. La caratteristica di rilascio di calore di queste batterie, chiamata "thermal runaway", può aumentare notevolmente le possibilità di innesco di un incendio, soprattutto se installate in modo improprio.

Meccanica delle batterie agli ioni di litio

Qualsiasi batteria agli ioni di litio è costituita dai seguenti componenti:

1. Catodo

2. Anodo

3. Elettrolita
4. Separatore
5. Due collettori di corrente negativi e positivi

Mentre gli ioni di litio sono immagazzinati nell'anodo e nel catodo, vengono trasportati dall'anodo al catodo e viceversa attraverso l'elettrolita e il separatore. Questo movimento determina la liberazione di elettroni liberi nell'anodo e quindi una carica sul collettore di corrente positivo.

La corrente elettrica fluisce dal collettore di corrente attraverso il dispositivo elettrico alimentato dalla batteria fino al collettore negativo. Il compito del separatore è quello di bloccare il flusso di elettroni all'interno della batteria.

Confronto tra batterie agli ioni di litio e al piombo

- **Costo:** mentre è possibile acquistare una batteria agli ioni di litio da 100 Ampere/ora a 12 Volt per circa mille dollari, una batteria al piombo VMAX con la stessa capacità vale circa un quarto della batteria agli ioni di litio. Considerando il limite di scarica del 50% delle batterie al piombo rispetto al 100% di quelle agli ioni di litio, per immagazzinare la stessa capacità di una batteria agli ioni di litio sono necessarie due batterie al piombo, che costerebbero comunque la metà di una batteria agli ioni di litio.

- **Efficienza: è** dimostrato che le batterie agli ioni di litio sono più efficienti di quelle al piombo. Mentre per le batterie agli ioni di litio si considera un'efficienza complessiva del 95%, quelle al piombo hanno un'efficienza compresa tra l'80 e l'85%. Una maggiore efficienza significa che una maggiore quantità di energia immagazzinata può essere utilizzata.

- **Capacità e profondità di scarica: grazie alla** loro moderna tecnologia e alla loro chimica, le batterie agli ioni di litio immagazzinano più energia rispetto alle loro precedenti concorrenti a parità di spazio. In generale, ciò significa che è necessario meno spazio. Si tratta di una caratteristica importante, soprattutto nei sistemi off-grid più grandi, dove le batterie occupano una quantità notevole di spazio.

Come spiegato in precedenza, la profondità di scarica è definita come la percentuale di capacità della batteria che può essere utilizzata in modo sicuro prima di danneggiarla. Mentre le batterie al piombo possono essere seriamente danneggiate se scaricate per più del 50% della loro capacità totale, le batterie agli ioni di litio offrono l'85% e anche più della loro capacità pronta per essere utilizzata. La capacità effettiva è il termine utilizzato per descrivere la profondità di scarica unita alla capacità della batteria.

- **Durata di vita: la** durata di vita delle batterie è definita come il numero di cicli in cui possono essere caricate e scaricate prima di danneggiarsi seriamente. Le batterie agli ioni di litio durano diverse volte di più, il che comporta una durata di vita più efficace rispetto a quelle al piombo.

Decidere il tipo di batteria

Tenendo conto di tutto ciò che è stato detto, non c'è dubbio che le batterie agli ioni di litio valgano ogni centesimo per tutte le caratteristiche che abbiamo spiegato; tuttavia, per i piccoli impianti e per i principianti che vogliono solo bagnarsi i piedi nel sistema solare, le batterie al piombo sono la prima scelta. Il loro costo iniziale piuttosto basso rende le batterie al piombo la scelta perfetta per chi ha un budget limitato.

Anche i camper, le barche e le cabine utilizzati meno frequentemente possono beneficiare di batterie al piombo economiche. I sistemi residenziali a batteria possono beneficiare di tutti i vantaggi sopra citati della tecnologia delle batterie agli ioni di litio, in particolare se si intende realizzare un impianto fotovoltaico più economico e più efficiente in termini di spazio.

Le batterie stanno diventando sempre più una parte inseparabile dei sistemi di energia solare. Poiché l'introduzione di nuove tecnologie per le batterie le ha rese più convenienti che mai, la conoscenza dei diversi tipi di batterie e delle loro funzioni vi aiuterà a sfruttare al meglio il vostro impianto fotovoltaico.

Linee guida per l'installazione

È consigliabile che il proprietario dell'abitazione acquisti tutti i componenti sopra menzionati piuttosto che realizzarli da sé. Assicuratevi di seguire le leggi regionali e di installare un sistema privo di rischi. Le seguenti istruzioni contribuiscono a determinare il successo o il fallimento dell'installazione di un impianto fotovoltaico:

A. Personale

- Il lavoro di squadra è più adatto alle installazioni complete, poiché sono complicate.
- È possibile contattare un'azienda di impianti solari, un subappaltatore elettrico o un elettricista.
- Gli esperti dell'azienda hanno una maggiore esperienza negli impianti fotovoltaici rispetto ad altri.

- Il team deve coordinare i servizi e installarli secondo le norme edilizie.
- Gli impianti solari richiedono ispezioni, incontri e garanzie.

B. Standard di sicurezza

- Tutto ciò che ha a che fare con l'elettricità e l'alta tensione deve essere sicuro.
- La squadra di installatori deve proteggere a tutti i costi le apparecchiature, i residenti e la proprietà.
- I pannelli solari e i circuiti sono classificati come sistemi elettrici.
- La configurazione del pannello fotovoltaico deve soddisfare le norme di sicurezza elettrica per la vostra area di applicazione.
- Durante l'installazione è necessario garantire l'effettiva salute e sicurezza di tutto il personale.
- Eliminare i pericoli elettrici e i rischi associati alla salita sui tetti alti.
- Gli esperti di installazione devono seguire le migliori pratiche per la loro sicurezza.

C. Regole di cablaggio

- Gli apparecchi a pannello per il cablaggio in corrente continua (DC) sono di solito di dimensioni molto grandi.
- L'installatore deve proteggere i cavi esterni da temperature elevate, vento e pioggia.
- Si possono forare i tetti per realizzare canaline, cablaggi e cavi elettrici.
- Assicuratevi che i tetti siano sigillati con l'aiuto di esperti di edilizia.

D. Progettazione del sistema

- È possibile installare un sistema di pannelli pre-ingegnerizzati in base alle proprie esigenze.
- Dimensionare accuratamente le varie parti per realizzare un impianto fotovoltaico perfetto.
- È necessario tenere conto dell'ombra dell'edificio, dell'angolo del tetto, del timpano, ecc.
- Progettare con precisione i sistemi off-grid e grid-connected.
- Anche le aziende del settore solare, i commercianti e i distributori possono pianificare e implementare.

E. Costi

- Si possono utilizzare strumenti software per la progettazione e la stima dei costi.
- È possibile calcolare i costi di installazione in termini di energia "per watt".
- Nei pannelli fotovoltaici, l'efficienza e il costo sono inversamente proporzionali.
- Il costo della manodopera dipende dalla complessità del compito (ad esempio, dal tipo di tetto e dalla disposizione dell'edificio).
- Se l'impianto solare utilizza tutti i componenti, il costo aumenta.

Di quanti pannelli avete bisogno?

L'energia solare è probabilmente la fonte di energia più pulita ed economica del periodo attuale. Con il giusto impianto solare a casa vostra, potete andare fuori rete e continuare a soddisfare il vostro fabbisogno energetico. Se l'impianto solare genera energia supplementare, è possibile convogliarla nella rete elettrica e ottenere un guadagno economico. Tuttavia, si pone un problema nel determinare il numero di pannelli solari necessari per la vostra proprietà.

Come calcolare il consumo

Prima di tutto, è necessario conoscere i propri obiettivi prima di determinare il numero effettivo di pannelli solari di cui si avrà bisogno per la propria casa. Investire in un particolare sistema di energia solare è un buon modo per ridurre l'impronta di carbonio e allo stesso tempo massimizzare il ritorno sull'investimento. L'investimento in un sistema di energia solare per la vostra casa può essere costoso la prima volta quando acquistate l'attrezzatura necessaria, ma potrete godere dell'energia gratuita del sole per il resto della sua durata.

Come vedremo in dettaglio di seguito, per calcolare il numero effettivo di pannelli solari necessari è necessario conoscere la quantità di energia utilizzata dalla propria famiglia. I pannelli solari sono disponibili in diverse dimensioni, quindi è necessario considerare anche la superficie del tetto su cui verranno montati. I pannelli solari forniscono anche diversi livelli di potenza, quindi è necessario calcolare il picco di luce solare e il clima del luogo in cui si vive. L'efficienza dei pannelli fotovoltaici (PV) desiderati determina anche il numero di pannelli necessari per la vostra casa.

È essenziale rivolgersi a un installatore solare professionista se si vogliono ottenere i giusti dettagli sul numero di pannelli solari di cui si ha bisogno. Un professionista valuterà le esigenze energetiche della vostra casa e calcolerà il numero di pannelli solari di cui potreste aver bisogno.

Quanta energia solare è necessaria?

Vi aiuteranno a determinare il fabbisogno energetico medio della vostra casa. Per esempio, per calcolare il numero di pannelli solari di cui avete bisogno, moltiplicate le ore di luce solare massime nel luogo in cui vivete per il fabbisogno energetico orario della vostra casa e dividete per la potenza del pannello solare. La potenza prodotta da un singolo pannello solare determinerà il numero di pannelli necessari sul tetto.

La quantità di luce solare che raggiunge il vostro tetto influisce anche sull'efficienza e sul numero di pannelli solari necessari per le vostre esigenze domestiche. I pannelli solari hanno specifiche e caratteristiche diverse che ne influenzano l'efficienza. Altri fattori, come l'accumulo di batterie e le dimensioni del tetto, contribuiscono a determinare il numero effettivo di pannelli solari da installare sul tetto.

Determinazione dei Watt necessari

Per determinare i "chilowattora" (kWh) utilizzati, è necessario esaminare la media delle bollette dell'elettricità dei mesi precedenti. Innanzitutto, prendete nota del periodo che di solito è rappresentato da 30 giorni sulla bolletta. Per ottenere i chilowattora utilizzati in un determinato periodo, si può anche utilizzare il metodo della sottrazione della lettura del contatore precedente da quella attuale.

Per effettuare i calcoli in modo corretto è necessario il consumo orario e giornaliero. Queste informazioni possono essere ricavate dalla bolletta, oppure si possono calcolare manualmente per ottenere i kWh per l'uso domestico. A seconda della regione in cui si trova la casa e delle sue dimensioni, si possono utilizzare circa 200 kWh al mese. Le case più grandi, che consumano più energia per l'aria condizionata, consumano invece circa 2.000 kWh o più. Tuttavia, molte abitazioni medie negli Stati Uniti consumano circa 900kWh al mese. Ciò si traduce in circa 30kWh al giorno o qualcosa come 1,25 kWh all'ora.

Pertanto, per calcolare il fabbisogno medio giornaliero di energia solare per la vostra abitazione, utilizzate il vostro consumo medio giornaliero di energia. Il numero di chilowattora che il vostro impianto solare dovrà produrre deve essere determinato dal vostro fabbisogno energetico totale. Tuttavia, è fondamentale notare che non tutti i pannelli solari funzionano sempre alla massima efficienza. Elementi come le condizioni atmosferiche possono influire sull'efficienza dell'impianto solare.

Il vostro impianto solare non fornisce energia ottimale durante le giornate nuvolose o piovose. Altri pannelli potenti possono ancora funzionare in queste condizioni, ma non saranno così efficienti come in condizioni di sole. Per determinare il numero totale di pannelli solari necessari, è necessario considerare la potenza media prodotta da ciascun pannello. Consultate un installatore di pannelli solari professionista per ottenere i giusti dettagli sui pannelli solari che potete acquistare per la vostra casa.

La luce solare ricevuta nella vostra zona

Un'altra considerazione importante riguarda il numero di ore di luce solare previste nella vostra zona. Le ore di picco della luce solare possono avere un impatto diretto sull'energia che il sistema solare può produrre in quel determinato giorno. In alcune zone, le ore di picco della luce solare sono più numerose rispetto ad altre. Se si vive in un luogo in cui il numero di ore di punta di luce solare è inferiore, si può comunque utilizzare l'energia solare, ma occorreranno più pannelli per catturare l'energia.

È possibile trovare informazioni affidabili sulla luce solare nella propria città o nel proprio stato presso il Renewable Resources Data Center, che vi aiuterà a prendere decisioni informate. Per convertire l'energia solare generata ogni ora in watt, occorre moltiplicare per 1.000. È inoltre necessario dividere il fabbisogno medio orario di watt per la quantità di ore di picco giornaliero di luce solare nella vostra località. In questo modo si otterrà il numero di pannelli solari necessari per produrre energia ogni ora. In un luogo in cui una casa richiede in media 900 kWh al mese e riceve circa cinque ore di picco di luce solare al giorno, avrete bisogno di 6.000 watt. Ciò significa che sono necessari 20 pannelli solari che producono 300 watt. Se si installano pannelli solari da 140 watt, ne serviranno 40. Tuttavia, è necessario tenere conto delle dimensioni del tetto per ottenere il numero ideale di pannelli.

Altri fattori che influenzano l'efficienza della produzione solare

L'efficienza della produzione solare varia in base a diversi fattori. Non tutti i pannelli solari sono uguali. Ad esempio, i pannelli solari fotovoltaici (PV) comunemente utilizzati nelle proprietà residenziali hanno una potenza che varia da 150 a 270 watt per singolo pannello. Le dimensioni del pannello determinano l'efficienza, ovvero il livello con cui ogni pannello solare può convertire la luce del sole in energia.

La tecnologia delle celle determina anche l'efficienza dei diversi pannelli solari. Le celle solari prive di linee di griglia possono assorbire più luce solare rispetto alle altre celle convenzionali. Inoltre, i pannelli privi di linee di griglia non presentano problemi di delaminazione o spellatura, poiché i tipi di celle li rendono forti e resistenti alla corrosione e alle crepe. Inoltre, un microinverter montato su ogni pannello contribuisce a ottimizzare la conversione dell'energia alla fonte, a differenza di un singolo inverter montato all'interno della casa.

Queste variazioni possono rendere difficile determinare i pannelli giusti per la vostra casa, poiché differiscono per efficienza e qualità. Le variazioni possono anche influire sul numero di pannelli solari necessari per la casa. I pannelli solari più efficienti possono produrre una potenza maggiore, il che significa che avrete bisogno di pannelli sul tetto. È comunque possibile ottenere la stessa produzione di energia con un numero inferiore di pannelli solari efficienti e che producono una potenza maggiore. Osservate il numero di watt che ciascun pannello solare è in grado di produrre, in modo da conoscere il numero di pannelli appropriato per la vostra casa.

In breve, dividete il fabbisogno orario di potenza dell'abitazione per la potenza dei pannelli se volete capire il numero esatto di pannelli solari di cui avete bisogno per la vostra casa. Per una casa di dimensioni medie, sono necessari circa 20 pannelli solari da 300W. Tuttavia, è necessario un numero maggiore di pannelli solari di potenza inferiore.

Che effetto hanno le dimensioni dei pannelli solari sull'energia generata?

Le dimensioni di ciascun pannello solare scelto per il vostro tetto giocano un ruolo fondamentale nel determinare il numero totale di pannelli necessari. Se avete un tetto più grande, potete acquistare pannelli solari più grandi a un costo inferiore, ma potreste sacrificare l'efficienza. Se il tetto è piccolo, è bene utilizzare un numero minore di pannelli solari ad alta efficienza per sfruttare al meglio l'energia del sole.

Le dimensioni dei pannelli solari più comuni per le proprietà residenziali sono 65 pollici per 39 pollici. Tuttavia, le dimensioni dei pannelli solari variano a seconda del produttore ed è necessario fare un po' di ricerche prima di prendere una decisione definitiva. Mentre le dimensioni degli altri pannelli non sono cambiate in modo significativo, l'efficienza e la produzione di energia sono cambiate nel tempo. Alcuni pannelli solari sono più efficienti di altri e ciò consente di ridurre al minimo il totale dei pannelli necessari sul tetto. Le vostre esigenze di produzione di energia elettrica possono aiutarvi a capire il numero esatto di pannelli solari di cui avete bisogno per la vostra casa.

Un installatore di pannelli solari professionista deve prima ispezionare il vostro tetto per valutarne l'architettura e l'angolo del sole. La posizione della vostra casa vi aiuterà anche a disporre i pannelli sul tetto in modo da raggiungere il vostro fabbisogno energetico giornaliero. La misurazione netta è un altro fattore da considerare quando si installano pannelli solari. Si tratta del modo in cui l'azienda elettrica vi accredita l'energia solare in eccesso prodotta dal vostro sistema durante il giorno. L'azienda elettrica vi permetterà di attingere ai crediti quando tornerete alla rete elettrica convenzionale se la luce non è sufficiente per generare energia, soprattutto di notte. Tuttavia, questo dipende dalla qualità del sistema di batterie solari che avete in casa. Assicuratevi che i vostri elettrodomestici non sovraccarichino il sistema di approvvigionamento energetico della vostra casa.

Considerazioni sul carico delle pompe per acqua

Per determinare la quantità di energia solare necessaria per il sistema di pompaggio dell'acqua, è necessario considerare diversi fattori. Il sistema di pompaggio solare dell'acqua è influenzato da vari fattori che possono anche influire sul numero di pannelli solari necessari. Ad esempio, calcolate la quantità di acqua necessaria per ogni persona e moltiplicatela per il numero di persone presenti in casa. Questo vi aiuterà a scegliere il sistema di pompaggio solare più adatto a soddisfare le vostre esigenze domestiche.

È fondamentale considerare la velocità di pompaggio o il numero di galloni d'acqua che la pompa può spostare in un periodo specifico. È inoltre necessario considerare l'altezza necessaria alla pompa per spostare l'acqua e le altre perdite per attrito che possono verificarsi lungo la condotta. Per determinare il numero di galloni che una pompa può spostare al minuto utilizzando i pannelli solari, è necessario considerare il numero di ore di funzionamento della pompa al giorno. È inoltre necessario considerare altri fattori, come il maltempo e il modo in cui questo può influire sulla quantità di acqua pompata al giorno. Anche la direzione del tetto che ospita i pannelli gioca un ruolo fondamentale nel determinare la quantità di energia che può essere generata dall'impianto solare della vostra casa.

La pompa spinge l'acqua in verticale verso il serbatoio di stoccaggio. L'acqua che scorre nelle tubature subisce una perdita per attrito. La perdita di carico per attrito determina anche la quantità di energia necessaria per soddisfare il fabbisogno idrico giornaliero dell'abitazione. Esistono delle pratiche tabelle che possono essere utilizzate per calcolare il numero di pannelli solari necessari per pompare una quantità d'acqua sufficiente per le proprie esigenze.

Con le giuste informazioni, è possibile scegliere il tipo di pompa solare sommergibile più adatto alle proprie esigenze idriche. Esistono diverse tabelle per le varie pompe che vi aiuteranno a scegliere il modello più adatto al vostro fabbisogno idrico totale. Altre pompe offrono tassi di pompaggio orari più elevati, a seconda di fattori quali la potenza dell'impianto solare.

Una volta individuato il modello di pompa da utilizzare per le proprie esigenze idriche, è necessario considerare il numero di watt dei pannelli solari necessari per il pompaggio dell'acqua. Per ottenere il giusto numero di pannelli solari, è possibile utilizzare una tabella che di solito viene fornita con le diverse pompe. Come regola generale, è necessario assicurarsi che la dimensione del pannello o il numero dei pannelli superi di circa il 30% il fabbisogno energetico. Questo aiuterà a compensare altri elementi, come le cattive condizioni atmosferiche, che possono influire sull'efficienza dell'impianto solare. Altri fattori, come l'altezza del serbatoio di accumulo, determinano anche l'energia necessaria per pompare l'acqua che soddisfa il fabbisogno giornaliero.

Il voltaggio della pompa dell'acqua determina la potenza del pannello solare necessario. Per una pompa da 30 volt, è necessario un pannello solare da 116 watt. Come già osservato, è necessario sovradimensionare la potenza della pompa di circa il 30% per ottenere la giusta quantità di energia in caso di condizioni meteorologiche avverse. È necessario leggere attentamente il manuale fornito con il sistema a energia solare che si intende utilizzare per pompare l'acqua.

Energia solare necessaria per un frigorifero

Se scegliete di utilizzare l'energia solare in casa, dovete calcolare il fabbisogno energetico dei vostri apparecchi. Ad esempio, un frigorifero non richiede molta energia, a differenza di altri elettrodomestici come i fornelli. La potenza minima necessaria per far funzionare un frigorifero residenziale per circa 24 ore è di 600 ampere/ora. Sono inoltre necessari 600 watt di pannelli solari sul tetto per caricare le batterie interne. I pannelli solari sono disponibili in diverse potenze e dimensioni che è necessario conoscere per acquistare i prodotti giusti.

Per alimentare un frigorifero residenziale sono necessari circa due pannelli solari da 300 watt. Questi pannelli funzionano meglio quando la luce del sole è sufficiente. È inoltre necessario dotarsi di batterie robuste in grado di conservare l'energia sufficiente da utilizzare durante la notte. In questo caso, sono necessari due pannelli solari solo per il frigorifero, escludendo altri dispositivi come elettrodomestici da cucina, radio, computer, luci e televisione. Pertanto, è necessario calcolare il fabbisogno energetico di ciascun dispositivo della casa per capire di quanta energia solare si può avere bisogno.

Se non si dispone di bollette mensili, si può provare a calcolare il fabbisogno energetico di ogni apparecchio presente in casa. Dopo aver calcolato la potenza necessaria per il frigorifero, fate lo stesso per gli altri dispositivi della casa. Una volta calcolata la potenza totale dei vostri apparecchi, utilizzate questo valore per determinare il numero effettivo di pannelli solari di cui avrete bisogno. È essenziale acquistare batterie di accumulo con potenza corrispondente per fornire energia ai vostri dispositivi durante la notte o quando le condizioni meteorologiche sono avverse. Chiedete a un esperto se non siete sicuri dell'utilizzo di ogni gadget: spesso le aziende produttrici di energia solare dispongono di utili opuscoli che forniscono questo tipo di informazioni.

L'altra cosa importante da ricordare è di superare il fabbisogno di energia solare per coprire le perdite che possono essere causate dal maltempo e dall'uso diverso dell'elettricità nei vari giorni. Tuttavia, è necessario consultare prima un professionista per evitare di danneggiare i propri dispositivi. Assicuratevi che la corrente in casa vostra sia regolata in modo da non danneggiare i vostri apparecchi elettrici. È inoltre necessario assicurarsi che il sistema di energia solare sia installato correttamente, in modo da poter usufruire di una produzione efficiente di energia.

L'energia solare sta guadagnando sempre più popolarità perché contribuisce in modo significativo a ridurre l'impronta di carbonio. A parte il costo iniziale dell'installazione del sistema di energia solare a casa vostra, potrete godere di energia gratuita nel lungo periodo. L'energia solare è efficace dal punto di vista dei costi perché aiuta a eliminare le bollette mensili. Per godere di tutti i vantaggi dell'energia solare, è necessario prendere la decisione giusta all'inizio. Assicuratevi di acquistare il numero giusto di pannelli solari in grado di soddisfare il vostro fabbisogno energetico. Ciò dipende dal numero di dispositivi utilizzati in casa.

È fondamentale utilizzare le bollette precedenti per determinare la quantità totale di energia necessaria per la vostra casa. È inoltre necessario considerare altri fattori, come le dimensioni del tetto, per calcolare il numero di pannelli necessari. La potenza e le dimensioni di ciascun pannello giocano un ruolo fondamentale nel determinare il numero di pannelli necessari. Per prendere le decisioni giuste, è necessario consultare un installatore solare professionista che possa valutare la vostra proprietà e il vostro fabbisogno energetico.

Installazione di pannelli solari

Per installare i pannelli solari, è necessario avere una certa dimestichezza con le altezze, le coperture e l'impermeabilizzazione per evitare perdite d'acqua. A tal fine, è necessario installare ganci, binari o listelli. A seconda dei pannelli solari e del loro metodo di fissaggio, potrebbe essere necessario installare uno schermo sotto il tetto o un sistema di impermeabilizzazione. Per intervenire su un tetto e maneggiare i pannelli fotovoltaici è necessaria anche una buona attitudine fisica.

Fasi di base

- Deterioramento della posizione del pannello solare
- Installare i coperchi (inferiore e laterale)
- Installare uno schermo sotto il tetto o un sistema di impermeabilizzazione

- Posa dei binari e dei pannelli
- Collegare l'inverter alla rete

Strumenti necessari

- Cacciavite e/o trapano avvitatore con prese e/o orbite
- Sega circolare
- Prolunga di alimentazione
- Regola del metro
- Impalcatura o scala
- Scala da carpentiere (a seconda della copertura)
- Chiave piatta o boccole
- Viti
- Piastra per pesci e altra ferramenta per l'installazione dei binari
- Aberrazione o zinco
- Striscia di piombo
- Battaglie
- Pistola per estrusione con colla al silicone
- Filo elettrico con tubi e/o ponti IRL se necessario (a seconda della configurazione)
- Guanti di protezione
- Sistema anticaduta
- Occhiali protettivi
- Scarpe di sicurezza

Deterioramento nella posizione del pannello solare

Esistono due casi distinti. Se il tetto è coperto da tegole meccaniche o ardesia, si dovrà procedere a una rimozione parziale. Bisogna iniziare a delimitare il punto esatto in cui si desidera installare i pannelli solari. È inoltre necessario rimuovere le tegole su una superficie leggermente più grande di quella dei pannelli da posare. Una volta fatto questo, appare un foro nel vostro tetto: i pannelli fotovoltaici saranno alloggiati dopo una meticolosa preparazione.

Se si cammina vicino al colmo, fare attenzione a non rompere le tegole di colmo o i semipali. Se il tetto non è a listelli (struttura a capriate), non camminate in mezzo ai listelli o sul paravento del sottotetto perché c'è il rischio di cadere.

Installare i rivestimenti inferiori e laterali

Gli argomenti sono parti di collegamento tra i materiali di copertura del tetto e i vari elementi che sporgono dal tetto (i pannelli solari e i loro fissaggi). Esistono adattamenti specifici per ogni modello di tegole meccaniche, sia per la forma che per il colore. Per le ardesie, si tratta di una lastra color ardesia o di un vecchio pezzo di zinco.

L'installazione consiste in un fissaggio a vite posizionato sui listelli esistenti o su quelli aggiunti. È necessario l'uso di un cacciavite e di un metro per riportare le misure esatte. Anche i ganci sono fissati con viti.

Installare lo schermo sotto il tetto o un sistema di impermeabilizzazione

Installazione dello schermo di copertura

Quando si installa un tetto, è necessario installare uno schermo sottotetto. Quest'ultimo è un film tecnico di plastica che ha la funzione di creare una barriera impermeabile all'acqua ma non all'aria. Quando si installa questo schermo sottotetto, si raccomanda di prevedere un'intercapedine d'aria tra lo schermo e il complesso isolante. Se ciò non è possibile e lo schermo poggia sull'isolante, si può optare per uno schermo ad alta permeabilità al vapore acqueo o HPV. Questo permette il passaggio del vapore e riduce il rischio di condensa nel complesso isolante. Se si forma condensa nell'isolante, questo diventa meno efficace e può addirittura marcire. Le strisce devono essere effettivamente ricoperte con gli adesivi raccomandati dal produttore e secondo le sue raccomandazioni.

Installazione del sistema di tenuta

A seconda dell'installazione, i pannelli solari possono poggiare su un sistema di impermeabilizzazione in plastica flessibile. Questo deve essere installato sul tetto (è quindi necessaria una fondazione rigida costituita da listelli). Questi sistemi di impermeabilizzazione vengono poi avvitati sui listelli in corrispondenza dei pannelli.

Posa dei binari e dei pannelli

Le guide devono essere fissate saldamente alle travi con dei ganci (a tale scopo utilizzare un cacciavite e le viti adatte). I pannelli solari sono pesanti e fanno molta presa sul vento. Forme complesse, con eventualmente alcune regolazioni, adattano la loro forma a determinate tegole e consentono il fissaggio attraverso la copertura. Il deragliamento completo non è più necessario, poiché la struttura dei binari si trova al di sopra della copertura.

Se le rotaie non sono abbastanza lunghe o devono essere incrociate, ci sono le piastre di pesce e molti altri pezzi di collegamento. Si noti che alcuni pannelli solari possono ruotare di un quarto di giro con il lato lungo in verticale. In questo caso potrebbe essere necessario posare i binari in verticale.

I pannelli vengono poi fissati alle guide con ganci o bulloni. Una volta che tutti i pannelli sono al loro posto, si può fissare la copertura superiore e quindi installare le tegole o le ardesie mancanti. Quando si installano i pannelli solari su un sistema di impermeabilizzazione, i binari di supporto possono essere installati direttamente su di esso.

Collegare i pannelli all'inverter

L'inverter è in realtà un dispositivo elettronico che trasforma la corrente continua instabile. L'inverter è collegato da un lato ai pannelli e dall'altro al contatore di non consumo. Questo contatore si trova a capo di tutti i singoli impianti di produzione di energia elettrica collegati alla rete. Per eseguire correttamente questa fase è indispensabile saper leggere uno schema elettrico.

Alcuni pannelli devono essere collegati in serie, mentre altri devono essere collegati in parallelo.

Se ogni pannello produce una tensione di 12 V, i due pannelli in serie producono una tensione di 24 V. Se si collegano i terminali con la stessa polarità, i pannelli sono collegati in parallelo. Questo gruppo produce una tensione di 12 V, ma l'intensità prodotta è la somma dell'intensità prodotta da ciascun pannello. Tuttavia, se si collegano due gruppi di pannelli in serie o in parallelo, le tensioni di ciascun gruppo devono essere uguali per preservare i pannelli e massimizzare la loro produzione.

Sistema di energia solare fai da te

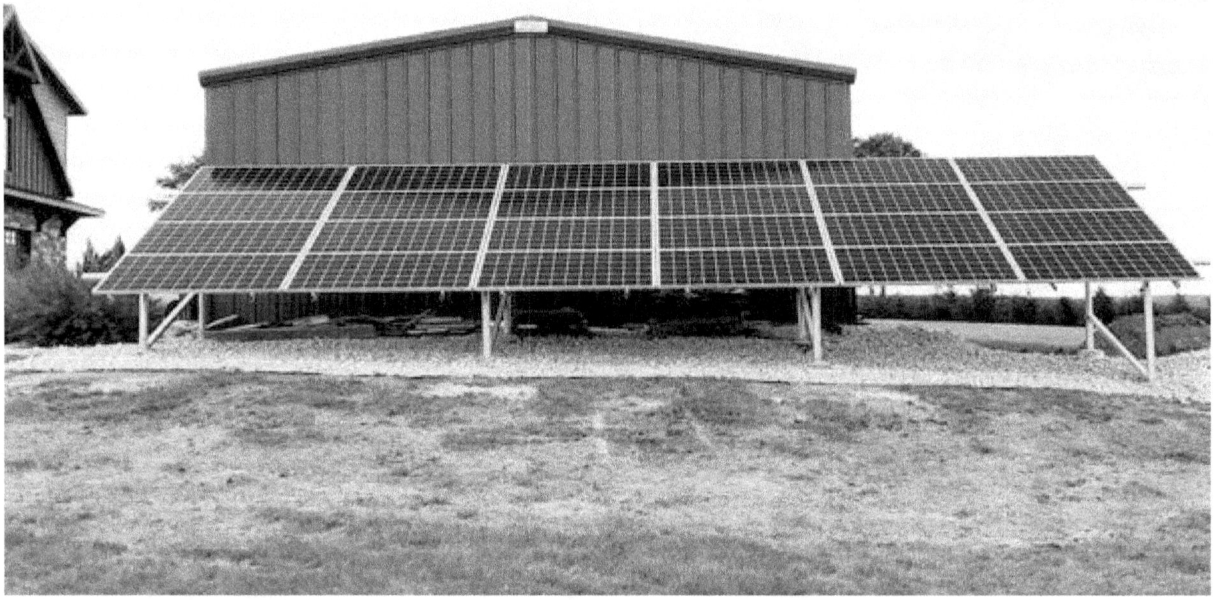

Quando si parla di aumento del costo dell'energia, molti si chiedono: "Devo investire nell'energia solare?". Se date un'occhiata alla vostra città, noterete molto probabilmente che il numero di pannelli solari è in aumento. Vivere fuori dalla rete, pur avendo accesso a una fonte di energia stabile, sta diventando sempre più popolare. Un sistema di energia solare fornisce energia pulita e rinnovabile che può aiutare a risparmiare una quantità significativa di denaro nell'arco di un anno. I sistemi a energia solare utilizzano una fonte di energia sostenibile che non produce emissioni di gas serra. Per i suoi vantaggi per l'ambiente e l'economia, questo tipo di energia viene definita energia verde.

Che cos'è esattamente un sistema di energia solare?

Un impianto fotovoltaico è un sistema di pannelli solari che trasforma l'energia derivata dalla luce del sole in elettricità. La tecnologia di raccolta del sole, come i pannelli solari, utilizza la tecnologia fotovoltaica (PV) per convertire l'energia catturata dal sole in corrente elettrica. L'energia solare crea energia che può essere utilizzata per vari scopi, tra cui l'illuminazione e il riscaldamento degli edifici, il raffreddamento e altro ancora. Un singolo pannello solare può fornire energia sufficiente a caricare le batterie e ad alimentare l'illuminazione. In alternativa, si può installare un'enorme quantità di pannelli solari che producono elettricità sufficiente ad alimentare l'intera casa. La stragrande maggioranza dei proprietari di case nei Paesi industrializzati ha installato o intende installare un sistema di energia solare nelle proprie abitazioni per integrare le fonti di energia tradizionali. L'energia solare è considerata una valida soluzione al problema energetico mondiale, anche nei Paesi in via di sviluppo come India e Cina. Quando si tratta di pianificare e installare un impianto solare nella vostra casa, la nostra guida vi guiderà attraverso l'intero processo di creazione di un sistema di energia solare fai-da-te. In questo modo, non solo sarete in grado di integrare le vostre fonti di energia, ma possederete anche un efficace sistema di energia solare che risponderà alle vostre esigenze energetiche. Volete sapere come fare? Continuate a leggere!

In che modo il sistema di energia solare funziona?

Migliaia di minuscoli pacchetti di energia (fotoni) provenienti dal sole si riflettono sulla superficie terrestre, fornendo una quantità di energia solare sufficiente a coprire una parte significativa del fabbisogno mondiale di elettricità. In un pannello solare, quando i fotoni colpiscono le celle solari, liberano elettroni liberi, responsabili della generazione di energia. I sistemi a energia solare utilizzano la tecnologia fotovoltaica (PV) per catturare la radiazione solare e convertirla in una forma di energia utilizzabile dall'utente. I pannelli solari, utilizzati per produrre energia, sono costituiti da diverse configurazioni di celle. Le celle sono costituite da una sostanza semiconduttrice nota come silicio, che assorbe l'energia emessa dal sole. A sua volta, questo porta alla formazione di particelle elettricamente cariche che si muovono in reazione al campo elettrico interno alla cella fotovoltaica, convertendo la radiazione solare in elettricità. Per quanto riguarda le celle fotovoltaiche, il silicio è organizzato in due strati: uno con carica positiva e uno con carica negativa. Quando la luce del sole colpisce le celle, il campo elettrico tra i due strati permette il passaggio di elettricità, generando corrente continua (DC). Se lo si desidera, è possibile utilizzare questa corrente per scopi esterni alla casa. Anche se i pannelli solari non hanno sempre bisogno della luce solare diretta per funzionare bene, la quantità di energia che può essere prodotta è determinata dall'intensità della luce. Se la quantità di elettricità prodotta supera le vostre esigenze, potete investire in batterie per immagazzinare l'energia in eccesso da utilizzare di notte o nelle giornate nuvolose.

Tipi di sistemi a energia solare

L'integrazione di un sistema di energia solare nelle reti elettriche e nelle abitazioni può essere classificata in tre metodi:

- Collegato alla rete
- Fuori rete
- Ibrido

Sistema solare collegato alla rete

Per creare ed erogare energia solare è necessario collegare un sistema di energia solare connesso alla rete o alla rete elettrica. È importante notare che il sistema non è dotato di batterie e che l'energia supplementare creata viene restituita alla rete. Supponiamo che la quantità di energia solare prodotta dal vostro centralino superi la quantità di elettricità utilizzata dalla vostra casa. In questo caso, l'elettricità in più viene inviata alla rete attraverso il contatore e alla rete. Questo particolare contatore tiene traccia del numero di chilowattora (KWh) di elettricità trasferiti alla rete. Il vostro fornitore di energia elettrica terrà traccia di questo numero ad ogni ciclo di fatturazione e vi pagherà l'importo appropriato.

Sistema di energia solare off-grid

Un sistema off-grid non ha bisogno di un collegamento alla rete elettrica per funzionare. Tutto ciò che è necessario è il collegamento alla batteria per immagazzinare l'energia supplementare. Grazie alla capacità della batteria, è possibile conservare una quantità di energia sufficiente da utilizzare durante la notte e nelle giornate nuvolose. Anche durante i mesi invernali, l'elettricità prodotta è in grado di coprire le richieste di clienti residenziali, industriali e commerciali.

Sistema solare ibrido

Un sistema ibrido è una combinazione di componenti collegati alla rete e non collegati alla rete. Quando la rete è accessibile, funzionano come sistemi solari on-grid; altrimenti, agiscono come sistemi solari off-grid. Producono una potenza paragonabile a quella di un sistema solare tradizionale collegato alla rete. La batteria agli ioni di litio o al piombo collegata serve come fonte di energia di riserva. Se si vuole garantire una fonte di energia continua in caso di interruzione di corrente, è opportuno prendere in considerazione un sistema fotovoltaico ibrido.

Quanto tempo ci vuole per ripagare i costi (sistemi collegati alla rete e ibridi)?

Quando si passa all'energia solare, ci si aspetta una riduzione della bolletta mensile del fornitore di energia elettrica. Supponiamo che abbiate un impianto solare collegato alla rete. In questo caso, è possibile esportare l'energia solare in eccesso alla società di servizi e guadagnare trimestralmente in base alla quantità di energia inviata alla società di servizi. È possibile importare altro combustibile dalla società di servizi quando i pannelli solari non producono abbastanza elettricità. Rispetto a quando ci si affida esclusivamente al fornitore di energia elettrica, questo comporta una riduzione del prezzo dell'energia. La scelta di investire nell'energia solare è buona se si vogliono ridurre al minimo le spese e allo stesso tempo proteggere l'ambiente. Anche se il costo iniziale dell'installazione di un impianto solare è significativo, il sistema si ripagherà nel tempo. Le agevolazioni fiscali statali e federali accorciano i tempi di ammortamento del debito.

Nella maggior parte dei casi, se si costruisce da soli un impianto solare collegato alla rete, questo si ripagherà in tre-sei anni; se si ricorre a un appaltatore professionista, si ripagherà in circa cinque-nove anni. Inoltre, i pannelli solari sono coperti da una garanzia di 25 anni e l'energia prodotta oltre il primo periodo di ammortamento è considerata un ritorno sull'investimento (ROI). Nel caso di un impianto a energia solare, il periodo di ammortamento è il tempo necessario per ripagare l'investimento iniziale. Calcolare il tempo di ammortamento utilizzando un calcolatore di ROI solare online è semplice e immediato. In alternativa, è possibile utilizzare il metodo di ammortamento solare per capire quanto tempo ci vorrà per ripagare l'investimento nell'energia solare. Si può iniziare stimando il costo complessivo dell'installazione di un impianto solare, dopo aver sottratto le eventuali sovvenzioni disponibili. Una volta ottenuta questa cifra, la si può confrontare con il costo dell'energia elettrica fornita dal fornitore locale.

Periodo di ammortamento = (Costo totale dell'installazione - Valore degli incentivi) / (Costo dell'elettricità per unità * Consumo annuo di elettricità)

Il costo delle apparecchiature solari, dei permessi, delle spese di installazione, degli stipendi degli appaltatori e di qualsiasi altra spesa relativa al progetto deve essere considerato come parte dei costi complessivi dell'installazione. Gli incentivi hanno un valore monetario che premia, come i crediti d'imposta che si ottengono per l'installazione di elettricità solare. Nella maggior parte dei casi, il credito d'imposta per l'investimento solare vale il 26% delle imposte federali ed è possibile richiederlo. Nel determinare il tempo di ammortamento, si deve tenere conto di eventuali ulteriori incentivi comunali o statali disponibili nella propria nazione. Il costo dell'energia è calcolato come tariffa di fatturazione per chilowattora di energia utilizzata. La vostra società di servizi dovrebbe fornirvi informazioni sul costo del carburante. La bolletta dell'elettricità spesso riporta la quantità di energia utilizzata o consumata. Il consumo annuale di elettricità si calcola moltiplicando l'utilizzo mensile per dodici per ottenere il consumo annuale. In alternativa, si possono raccogliere le bollette mensili del fornitore di energia elettrica per l'intero anno e calcolare una cifra appropriata.

Costi in calo per l'energia solare

Lo sviluppo di sistemi energetici efficienti ed economici ha portato a una diminuzione dei costi energetici. I prezzi dell'energia a livello mondiale sono diminuiti dell'82%, mentre il costo dell'energia solare fotovoltaica si è ridotto del 47%, secondo lo studio 2019 dell'Agenzia internazionale per le energie rinnovabili (IRENA). Il miglioramento della tecnologia, le economie di scala e la competitività della catena di approvvigionamento hanno contribuito alla riduzione dei costi. Secondo l'attuale Agenzia internazionale per le energie rinnovabili (IRENA), tra il 2010 e il 2019 la capacità solare mondiale è passata da 40 GW (gigawatt) a 580 GW. I progetti fotovoltaici (PV) che mirano all'utilizzo di fonti di energia elettrica rinnovabili ed ecologiche stanno diventando oggi molto meno costosi.

Installazione fai da te di un sistema di energia solare

La diffusione dell'energia solare nelle aree residenziali ha contribuito in modo significativo a ridurre i costi di installazione. Utilizzate l'opzione fai-da-te per mantenere i costi di installazione entro i vostri limiti di budget. Quindi, pensate di essere in grado di costruire un impianto a energia solare da soli? Sì, è possibile. Mentre negli Stati Uniti è possibile installare un impianto solare da soli e risparmiare, se si risiede in Australia, ad esempio, è necessario lavorare con un elettricista certificato e rispettare tutte le leggi e le normative vigenti. L'installazione di un impianto solare può sembrare un compito difficile, ma non è impossibile! È sufficiente una conoscenza di base della teoria elettrica per realizzare il progetto da soli; tuttavia, ci sono diversi altri aspetti da considerare prima di installare un impianto solare a casa vostra. Per cominciare, è necessario determinare il proprio fabbisogno di elettricità e se si intende utilizzare l'energia solare durante tutto l'anno. I diversi tipi di abitazione hanno esigenze elettriche diverse. In alcune abitazioni l'elettricità è necessaria per alimentare le luci e caricare i telefoni cellulari; in altre, invece, l'energia è necessaria per alimentare, tra l'altro, il televisore, il frigorifero e altri elettrodomestici.

Prima di costruire un impianto fotovoltaico, ci sono alcune cose da considerare

Prima di acquistare e installare qualsiasi apparecchiatura a energia solare, è necessario fare le seguenti considerazioni: 1. Poiché l'installazione di un impianto solare rappresenta un impegno finanziario significativo, è necessario essere meticolosi nei calcoli e nelle scelte. La conoscenza di questi importanti fattori renderà molto più semplice la scelta degli elementi giusti per l'impianto solare. Di seguito sono riportate alcune considerazioni:

Per quanto tempo pensate di rimanere nella vostra casa?

Ci vorranno almeno cinque o sei anni prima che l'investimento in energia solare si ripaghi, anche se si nota una riduzione dei costi dell'elettricità subito dopo l'installazione di un impianto solare. Se prevedete di rimanere nella stessa casa per il prossimo futuro, l'investimento nell'energia solare sarà ben ripagato; altrimenti, il costo dell'energia solare per la vostra casa sarà proibitivo.

Di quanta energia reale avete bisogno per alimentare la vostra casa?

Inoltre, è necessario considerare la quantità di elettricità necessaria per alimentare tutti gli elettrodomestici della casa. Va da sé che i vari luoghi hanno esigenze di energia diverse a seconda del tipo di apparecchiature utilizzate e del numero di persone che vivono in quella particolare casa. Un numero minore di pannelli solari può essere necessario per chi ha un consumo energetico inferiore. Di conseguenza, conoscere il proprio consumo abituale di energia è fondamentale per determinare il numero di pannelli solari adeguato a soddisfare il proprio fabbisogno energetico. Secondo la regola generale, le dimensioni dell'impianto solare sono determinate dall'insolazione (esposizione al sole) e dalla quantità di energia utilizzata.

Costo del sistema solare

È difficile stabilire se le apparecchiature solari siano accettabili e non eccessivamente costose, poiché variano da un produttore all'altro. Sebbene i prezzi dei pannelli solari siano costantemente diminuiti, i costi delle attrezzature aggiuntive e dell'installazione possono essere proibitivi. Tutto sommato, potrebbero essere necessari da cinque a sei anni per recuperare il costo dell'installazione di un sistema a energia solare nella vostra casa...

Tipo di tetto

Sebbene i pannelli solari possano essere installati praticamente su qualsiasi tetto, alcuni richiedono più lavoro e maggiori spese per essere installati in modo appropriato. È piuttosto difficile installare i pannelli solari sui tetti tradizionali in scandole di legno. Se avete un tetto di questo tipo, dovreste pensare di affidarvi a un professionista per i servizi di montaggio sul tetto che abbia esperienza...

Posizione

La quantità di elettricità prodotta dai pannelli dipende dalla posizione della casa e dalla quantità di luce solare diretta che i pannelli ricevono. Se si risiede in un'area con molti alberi ed edifici alti, la quantità di sole che raggiunge i pannelli solari può essere ridotta. Negli Stati Uniti, se si vive in uno stato come la California, il Texas o l'Arizona, si può assistere a un aumento significativo dell'energia prodotta dal sistema solare, perché queste aree ricevono la piena luce del sole per lunghi periodi; tuttavia, se si vive in uno stato come il Montana o il Minnesota, si può ancora dipendere dalla rete elettrica pur sfruttando il più possibile l'energia solare dotando un sistema fotovoltaico più efficiente di pannelli solari aggiuntivi.

Permessi

L'ottenimento dei permessi necessari prima di installare i pannelli solari nella vostra casa comprende l'ottenimento dell'autorizzazione elettrica, l'ottenimento di un permesso strutturale o di costruzione e l'ottenimento di un permesso specifico per il solare fotovoltaico. Consultate uno specialista locale per assicurarvi di conoscere tutti i problemi legali e le norme di zonizzazione della vostra nazione. È inoltre opportuno informarsi adeguatamente sui permessi edilizi per evitare di dover rifare l'installazione dell'intero impianto o di essere sanzionati per la mancata realizzazione. Questo è particolarmente vero nel caso di pannelli solari installati a terra. I permessi di costruzione sono spesso rilasciati a livello locale. È quindi essenziale rispettare tutte le leggi e i regolamenti statali applicabili al proprio comune durante la richiesta.

Fasi di installazione di un impianto fotovoltaico fai-da-te

- Progettate e dimensionate il vostro impianto solare in base al vostro fabbisogno energetico.
- Acquistare attrezzature per l'energia solare.
- L'installazione di pannelli solari sul tetto o in giardino è un'opzione valida.
- I pannelli solari devono essere collegati al regolatore di carica e alla batteria (nei sistemi a batteria).
- Installare inverter solari e supporti per batterie e collegare l'inverter e la batteria alla rete.
- Installare un contatore intelligente o un sistema di misurazione della rete per risparmiare (per i sistemi collegati alla rete e ibridi).
- Il collegamento del sistema di alimentazione al quadro elettrico principale è l'ultima fase del completamento.
- Informatevi presso il vostro fornitore di servizi pubblici locali in merito all'ottenimento del permesso di operare (PTO) sul sistema di net metering in modo da poter collegare il vostro approccio alla rete (se applicabile).

Le istruzioni qui descritte vi aiuteranno a configurare la vostra attrezzatura per l'energia solare. Poiché l'energia solare è una fonte di energia rinnovabile ed economicamente vantaggiosa, i benefici finanziari possono essere realizzati nel tempo. Continuate a leggere se volete saperne di più su come installare il vostro impianto.

Impostazione della rete solare

Come costruire la rete solare

Fase 1: ideare un sistema solare che soddisfi effettivamente le vostre esigenze.

In primo luogo, è necessario avere una solida conoscenza della quantità di energia di cui si ha bisogno e di come la quantità di energia utilizzata varia nel corso della giornata e dell'anno. Per progettare un impianto solare efficace è fondamentale avere una solida conoscenza dell'andamento giornaliero e annuale del consumo energetico della propria abitazione.

Fase 2: selezionare il punto più adatto per i pannelli solari.

Per aumentare l'efficacia dei pannelli solari durante la loro vita utile, è possibile posizionarli strategicamente in un luogo che eviti un'eccessiva ombreggiatura, garantisca un raffreddamento passivo e fornisca l'accesso necessario. I pannelli solari sviluppati specificamente per l'uso in ambienti con scarsa illuminazione funzionano bene in questo scenario.

Fase 3: ordinare i componenti adatti al proprio impianto solare.

Una volta deciso dove collocare i pannelli, avrete una migliore comprensione del potenziale energetico del vostro sito. Di conseguenza, sarete in grado di scegliere e acquistare i componenti appropriati per il vostro impianto solare.

È possibile scegliere tra diverse opzioni, come ad esempio le seguenti:

- Le dimensioni del regolatore di carica e il suo modello (PWM o MPPT).
- Sia le dimensioni che il numero di celle solari.
- La capacità del banco batterie e il tipo di batterie in esso contenute.
- La tensione totale di ciascuna tratta e la determinazione del tipo di carico (CC o CA).
- Il rating dell'inverter, se presente;

Fase 4: costruire il vano o l'alloggiamento della batteria solare.

Dopo aver ordinato i vari componenti, la cosa successiva da fare è preparare la casa della batteria. Può trattarsi di una stanza della casa in cui si vive, di un capannone indipendente o anche di una sezione del garage.

È vostra responsabilità assicurarvi che la stanza in cui è conservata la batteria sia protetta da qualsiasi cosa o persona che possa potenzialmente danneggiare la batteria. In questo modo si potrebbe anche evitare la fuoriuscita degli acidi contenuti.

Tenete presente che la stragrande maggioranza delle batterie non è in grado di resistere alle basse temperature e, di conseguenza, deve essere gestita in qualche modo.

Se si scelgono batterie non sigillate perché più economiche, è necessario assicurarsi che il vano batterie sia sufficientemente ventilato per evitare l'accumulo di gas idrogeno potenzialmente pericoloso. Questo perché il processo di carica di questo tipo di batterie rilascia solo una traccia di idrogeno gassoso infiammabile.

Per contenere i prezzi, nella maggior parte degli impianti solari l'elettronica di potenza essenziale, come inverter, regolatori di carica, fusibili di sicurezza, interruttori e interruttori, è spesso installata all'interno del vano batteria.

Fase 5: assemblare i pannelli solari.

La fase successiva consiste nella costruzione della struttura che ospiterà i pannelli solari e nell'assemblaggio del campo solare. I pannelli solari hanno una durata di vita molto più lunga e una maggiore resa quando sono mantenuti rigidi, adeguatamente raffreddati e rivolti verso il sole. Tenetelo presente durante l'installazione dei pannelli solari.

A seconda delle risorse a disposizione e, naturalmente, del grado di competenza posseduto, è possibile costruire una struttura di supporto solare in diversi modi. Il metodo più efficace è quello di costruire una struttura a forma di A-frame rivolta a sud e realizzata in metallo o legno.

Inoltre, è utile poter modificare manualmente l'angolazione dei pannelli solari durante i mesi invernali ed estivi. In questo modo è possibile aumentare la produzione di energia fino al quaranta per cento, senza quasi alcun esborso finanziario aggiuntivo. È inoltre possibile costruire un sistema di inseguimento a uno o due assi con materiali domestici di base.

Fase 6: cablare il sistema solare off-grid.

Dopo l'installazione dei pannelli solari, il passo successivo per la realizzazione dell'impianto solare è la realizzazione del cablaggio elettrico. La buona notizia è che questa procedura non deve essere così difficile come potrebbe sembrare in un primo momento. Se volete vivere fuori dalla rete, la complessità dell'impianto elettrico della vostra casa può essere notevolmente ridotta rispetto a quella di un impianto solare collegato alla rete.

Quando si decide di vivere fuori dalla rete, si ha la possibilità di installare un sistema interamente a corrente continua, che potrebbe essere meno complicato e più produttivo di altri tipi di generazione di energia. Un'altra possibilità è rappresentata da un sistema di condizionamento dell'aria.

Costruire il rack per pannelli solari

Dopo aver ottenuto i pannelli solari, il passo successivo è quello di installarli in un telaio o in una rastrelliera.

Misurazione

La prima cosa da fare è prendere le misure dei pannelli solari. L'installazione delle staffe di montaggio sui pannelli solari è una fase necessaria che deve essere eseguita prima di ottenere misure precise. L'altezza della rastrelliera non deve necessariamente corrispondere all'intera altezza del pannello; tuttavia, deve essere abbastanza alta da permettere alle staffe di montaggio di collegarsi alla rastrelliera.

Quindi, misurate la larghezza del pannello con le staffe di montaggio incluse. Questa misura indica il numero di pannelli solari che si possono montare su una rastrelliera e dipende dalla lunghezza del pezzo di legno su cui si è riusciti a mettere le mani.

I 2 x 4 più lunghi che avevo a disposizione per il mio progetto misuravano poco meno di 3 metri. Per questo motivo, ho potuto costruire una rastrelliera in grado di contenere tre pannelli solari. Poiché il sistema in progetto avrà sei pannelli, ho costruito due rastrelliere specifiche per i pannelli solari.

Costruzione a telaio

Si noti che le guide interne della scatola sono piatte e a filo con il piano, mentre le tavole esterne del telaio della scatola sono tornite sul bordo.

La prima cosa da fare durante la costruzione del telaio è mettere insieme una semplice scatola. L'altezza verrà determinata prendendo la misura che si estende dalla base del pannello solare fino alla sommità della staffa più alta fissata al pannello solare. Il numero di pannelli solari che saranno effettivamente montati sulla rastrelliera, che sarà determinato dalla lunghezza del pezzo di legname più lungo a disposizione, sarà moltiplicato per la misura presa dalla staffa di montaggio su un lato del pannello solare effettivo alla staffa di montaggio sull'altro lato del pannello effettivo per determinare la larghezza.

Successivamente, le guide interne - utilizzate per collegare i pannelli solari quando due di essi sono addossati l'uno all'altro - devono essere tagliate e collegate al telaio della scatola. Due pannelli solari vengono accostati l'uno all'altro utilizzando queste guide per unire i pannelli. Misurate il pannello superiore della scatola attuale fino al pannello inferiore della scatola, quindi tagliate un pezzo di 2 x 4 della stessa lunghezza usando il metro.

Posizionate una di queste tavole ad ogni intersezione tra due pannelli. Dopo aver girato queste tavole in modo che siano piatte, potete fissarle in modo che siano a filo con il bordo superiore del telaio della scatola. Questo lascia uno spazio sufficiente per il montaggio delle due staffe fornite con ogni pannello adiacente.

Il passo successivo è la costruzione delle fondamenta del sistema di scaffalature. A questo punto, è necessario utilizzare il cercatore di angoli. La vostra posizione sul globo determinerà l'angolo appropriato con cui costruire la scaffalatura.

Nota: se si sta progettando un sistema di scaffalature che possa essere inclinato verso l'alto e verso il basso per ottenere la massima efficienza dei pannelli dall'inverno all'estate, è necessario aggiungere 15 alla latitudine per l'angolo invernale e sottrarre 15 alla latitudine per l'angolo estivo. In questo modo è possibile determinare l'angolo ottimale per il proprio sistema di scaffalature.

Il telaio deve essere appoggiato a terra e il cercatore di angoli deve essere posizionato in modo da essere appoggiato su una delle tavole laterali del telaio. Quindi, sollevare il bordo superiore del telaio fino a raggiungere l'angolo desiderato. Ora che la parte superiore del telaio è stata appesa a quest'angolo, è necessario prendere due misure.

Non è necessariamente necessario trovare l'angolo preciso che funziona meglio.

La prima misura è il dislivello dalla parte superiore del telaio della scatola alla parte inferiore della base. Queste misure serviranno per i due sostegni posizionati su ciascuna estremità della base.

La seconda misura è la distanza verticale che deve essere coperta dal punto in cui la parte inferiore del telaio della scatola poggia sul terreno al punto in cui i sostegni si incontrano con il terreno. Avrete bisogno di due tavole tagliate in base a ciascuna di queste dimensioni. Ora si può iniziare a costruire le fondamenta fissando le due tavole di estremità alla tavola lunga, che corrisponde alla lunghezza della rastrelliera più 3 pollici.

A questo punto è possibile collegare il telaio della scatola alla base vera e propria, che si troverà all'angolo richiesto per l'uso più efficace di un sistema di rack per pannelli solari statici.

Dopo aver fissato i pannelli al rack, l'operazione è conclusa.

Cablaggio della rete solare

Per avere un impianto fotovoltaico funzionante, i pannelli devono essere collegati tra loro per formare un circuito elettrico attraverso il quale scorrerà la corrente. Inoltre, i pannelli dovranno essere collegati a un inverter per convertire la corrente continua generata dai pannelli in corrente alternata che potrà essere utilizzata in casa e inviata alla rete. Nel campo dell'energia solare. Questo processo è spesso noto come "stringing", e ogni sequenza di pannelli uniti insieme è nota come stringa.

Incordatura in serie o in parallelo

Il cablaggio dei pannelli solari può essere effettuato in diversi modi. La differenza tra il cablaggio dei pannelli solari in serie e quello dei pannelli solari in parallelo è una delle distinzioni più importanti da comprendere. Queste diverse disposizioni di stringatura hanno ciascuna un'influenza unica sulla corrente elettrica e sulla tensione presenti nel circuito.

Collegamento in serie dei pannelli solari

Per collegare i pannelli solari in serie è necessario disporre ogni pannello in linea e collegarlo a quello successivo (come illustrato sul lato sinistro del diagramma sopra).

I pannelli solari sono dotati di terminali positivi e negativi, proprio come le batterie standard che probabilmente conoscete già. Quando i pannelli solari sono collegati in serie, il filo proveniente dal terminale positivo di un pannello è collegato al filo proveniente dal terminale negativo del pannello successivo e così via.

Quando i pannelli sono collegati in serie, la tensione totale (V) della stringa aumenta con ogni pannello successivo, ma la quantità di corrente (I) che attraversa la stringa rimane la stessa.

Quando si collegano i componenti in serie, uno degli inconvenienti è che un pannello oscurato può ridurre la quantità di corrente che attraversa l'intera stringa. Poiché la corrente rimane costante lungo la stringa, la corrente totale diminuisce fino a raggiungere il livello del pannello che assorbe meno corrente.

Collegamento dei pannelli solari in parallelo

L'installazione di un campo solare con pannelli collegati in parallelo, come indicato nella parte destra dell'immagine precedente, è un po' più difficile. Invece di collegare il terminale positivo di un pannello solare effettivo al terminale negativo del successivo, quando si mettono in parallelo i pannelli solari, tutti i terminali positivi della stringa sono collegati a un filo e tutti i terminali negativi a un altro filo. In questo modo si evita di dover collegare il terminale positivo di un pannello effettivo al terminale negativo del successivo.

Quando i pannelli sono collegati in parallelo, la quantità di corrente (amperaggio) che attraversa il circuito cresce con ogni pannello successivo; tuttavia, la tensione che attraversa il circuito non cambia (equivalente alla tensione di ciascun pannello). Per questo motivo, uno dei vantaggi del collegamento in parallelo è che anche se un pannello è eccessivamente in ombra, gli altri pannelli possono continuare a funzionare correttamente e la corrente prodotta dall'intera stringa non ne risente.

Manutenzione di un sistema solare off-grid

Quando si è isolati da tutto e si dipende dall'impianto fotovoltaico, bisogna imparare a mantenerlo da soli; vediamo come prendersene cura.

Tipi di manutenzione del fotovoltaico

Esistono due tipi di manutenzione per gli impianti fotovoltaici: correttiva e preventiva. Il primo è quando il sistema si guasta. Nella maggior parte dei casi, si manifesta con una perdita di potenza o con l'assenza di produzione di energia per vari motivi, nel qual caso il sistema deve essere corretto (sostituzione di componenti, parti, ecc.). Si tratta della cosiddetta manutenzione correttiva. Spesso accade perché non si esegue una manutenzione preventiva volta a controllare le condizioni dei componenti del sistema per verificare che tutto sia in ordine.

La frequenza di questa manutenzione dipende in larga misura da ciascun utente. Tuttavia, consiglio una manutenzione preventiva dell'impianto fotovoltaico ogni 6 mesi o almeno una volta all'anno. Inoltre, è necessario essere molto preparati sull'installazione.

AVVERTENZA: la manutenzione preventiva non impedisce che il sistema si guasti, il che può essere un fattore se l'installazione è scadente o se i pannelli e gli inverter sono di bassa qualità. Se volete evitare problemi gravi, acquistate quelli di migliore qualità in un secondo momento.

Fattori da considerare per l'installazione dei pannelli Buncker

Cosa si fa con la manutenzione preventiva?

L'attività principale della manutenzione consiste nel verificare la presenza di fattori ambientali che influiscono sul funzionamento del sistema: polvere, acqua, umidità, sporcizia, ecc.

Il lavoro che viene svolto in un buon servizio di manutenzione è il seguente:

- Osservare tutti i cavi di alimentazione, le guaine e le fascette.
- Controllare e pulire le scatole di giunzione e i dispositivi di protezione.
- Pulire i pannelli solari.
- Serrare nuovamente i collegamenti dell'inverter e pulire l'interno.

Come si può vedere, i canali di raffreddamento dell'inverter possono essere intasati da uno spesso strato di polvere. In questo caso, la manutenzione preventiva può rimuovere tutti gli strati di polvere e consentire alle ventole dell'inverter di funzionare in condizioni ottimali. In caso contrario, la polvere può bloccare il sistema di raffreddamento, ridurre l'efficienza dell'inverter o addirittura danneggiarlo.

Affinché il vostro impianto solare duri più di 25 anni, è necessario eseguire puntualmente la manutenzione preventiva raccomandata dai marchi. Ricordate che non si tratta solo di pulire le superfici, ma di esaminare ogni parte del sistema. I costi di manutenzione non sono nulla rispetto ai problemi operativi che possono insorgere se non si esegue la manutenzione, per non parlare dei danni che si verificano quando si è chiusi nel bunker e non si ha nessuno che possa ripararlo o i pezzi di ricambio necessari. Ricordate che la frequenza di manutenzione consigliata è ogni 6 mesi e che, idealmente, un prepper si aspetta che un sistema duri più di 25 anni.

Manutenzione dei diversi componenti fotovoltaici

I pannelli solari fotovoltaici richiedono poca manutenzione, ma assicurarsi che le superfici su cui vengono installati siano perfette ne prolunga la vita utile e ne migliora le prestazioni.

Ecco perché ora mi dedico a darvi informazioni su come effettuare la manutenzione e la pulizia dei pannelli solari passo dopo passo.

Polvere, sporcizia, polline, escrementi di uccelli e foglie possono influire sulla produzione di energia, quindi una pulizia regolare può fare miracoli e aumentare l'efficienza dei vostri apparecchi.

Come, quando e quanto spesso iniziare a pulire i pannelli solari?

Ricordarsi di non spegnere il sistema

Se necessario, il dispositivo può essere spento completamente solo se si intende effettuare delle riparazioni.

Per la pulizia dei pannelli solari non è necessario complicarsi troppo la vita o investire in soluzioni complesse. Sono sufficienti acqua e sapone neutro per rimuovere lo sporco e i detriti accumulati.

Se lo sporco è più persistente, è necessario un raschietto o una spugna in materiale morbido e con un manico allungabile per raggiungere i punti più difficili ed evitare di danneggiare la superficie del pannello.

Per le migliori informazioni sui prodotti o i materiali di pulizia da utilizzare, è consigliabile consultare le istruzioni del produttore o il manuale dell'operatore.

Tuttavia, nonostante la semplicità dell'operazione, è meglio pulire con grande attenzione per individuare eventuali danni o verificare le condizioni dell'impianto fotovoltaico.

Se possibile, utilizzare un tubo flessibile e dirigere l'acqua verso la parte superiore. Anche se non è un problema se un po' d'acqua tocca il retro del pannello, cercate di non farlo direttamente. Inoltre, prima di pulire o iniziare i lavori, bisogna sempre mettere al primo posto la sicurezza e avere a disposizione tutto l'equipaggiamento necessario (se necessario) per salire sui tetti e nei punti più difficili da raggiungere (cinture di sicurezza, scale, calzature, ecc.).

Quando e con quale frequenza pulire i pannelli solari

La tarda primavera e l'autunno inoltrato sono ottimi periodi per la pulizia dei pannelli solari. Scegliete un momento della giornata in cui il clima è fresco e mite. Pensate a un bicchierino: i pannelli con acqua fredda possono aumentare la probabilità di crepe a causa degli sbalzi di temperatura. Inoltre, se il sole è in pieno svolgimento e la superficie riceve molte radiazioni, ci sarà molto calore, quindi l'acqua utilizzata può evaporare rapidamente e lasciare tracce di sporco.

È particolarmente indicato pulire i pannelli solari di prima mattina, poiché gli spruzzi di un'installazione notturna contribuiscono a rimuovere lo sporco accumulato, il che significa che sarà necessario utilizzare meno acqua e meno energia per la pulizia. La piastra richiede una buona manutenzione.

Anche le giornate o le serate nuvolose sono momenti ideali per la pulizia dei pannelli solari. Supponiamo di vivere in una zona particolarmente secca, in un'area rurale o in una zona ad alto inquinamento atmosferico, come un'area industriale o interessata da edifici vicini. In questo caso, potrebbe essere necessario effettuare una manutenzione più frequente dell'impianto. Ma la frequenza non dovrebbe essere superiore a quella di ogni 3 o 4 mesi.

In generale, si consiglia di effettuare la pulizia circa 3 o 4 volte all'anno, ma nelle zone con maggiore esposizione dei pannelli solari, come le aree rurali o in prossimità del mare, si raccomanda una manutenzione più accurata e frequente, oltre a controlli più frequenti delle condizioni degli impianti fotovoltaici e solari per prevedere eventuali guasti al sistema. Questo aspetto va considerato anche se la superficie del pannello è più orizzontale e angolata.

Ispezione visiva dei pannelli fotovoltaici

- Controllare la struttura del pannello di supporto. I pannelli sono solitamente in alluminio, con componenti in acciaio inox che non richiedono manutenzione anticorrosione. Ma è importante osservare la copertura per verificare che non ci siano anomalie, come crepe o ristagni sulla superficie del pannello, e che sia ben fissata.

- Controllare i componenti elettronici. Monitorare i pannelli CC, l'alimentazione CA, gli inverter, i sistemi di monitoraggio, ecc.

- Controllare il sistema di accumulo. Negli impianti isolati, cioè quelli con sistemi di accumulo (celle solari), è necessario tenere pulite le superfici superiori delle celle e dei terminali e i terminali di collegamento. Inoltre, a livello più tecnico, quando la batteria necessita di manutenzione:

- Se necessario, ricaricare la batteria come indicato nelle istruzioni di fabbrica per prolungarne la durata e garantire buone prestazioni.

- Utilizzare un idrometro per verificare lo stato di carica e la capacità della batteria misurando la densità dell'elettrolito. È possibile che non si disponga di questa attrezzatura; se non si è in grado di effettuare questa misurazione, provare a rivolgersi a un professionista in grado di gestire il compito.

- Equalizzare periodicamente la batteria per regolarne la capacità di accumulo, migliorarne l'efficienza e prolungarne la durata.

Altre operazioni di manutenzione dei pannelli solari

Può capitare che l'installazione si trovi in una posizione o ad un'altezza inaccessibile e che si pensi di utilizzare un sistema di tubi a pressione per pulire i pannelli solari. Non è consigliabile farlo. La forza dell'acqua pressurizzata può danneggiare la superficie del pannello, quindi fa più male che bene. Inoltre, non tentate di entrare in un'installazione di alto livello senza un'adeguata attrezzatura di sicurezza.

Lavorare su un tetto è un rischio elevato che aumenta quando l'acqua entra nell'equazione, rendendo qualsiasi operazione più scivolosa e pericolosa. È meglio affidarsi a un'impresa professionale o a un professionista qualificato per la propria sicurezza.

Se i pannelli sono coperti da polvere o sporcizia, l'impianto autonomo potrebbe essere meno efficiente. Anche i pannelli vicini al mare risentono degli ambienti salini.

Consigli per la pulizia e la manutenzione dell'energia solare nel tempo

Tenete a mente questi consigli generali:

- Lavare il modulo con acqua, solo la parte superiore.

- Se è necessario usare qualcosa di diverso dall'acqua, si può usare un detergente delicato. Non utilizzare detergenti aggressivi e abrasivi.

- Per facilitare la pulizia si possono usare i tergicristalli. Anche in questo caso, non utilizzare panni che potrebbero danneggiare i pannelli.

- Pulire i pannelli presto o tardi, quando sono freddi, per evitare uno shock termico.

- Si possono asciugare con un panno morbido o con un tergicristallo.
- Evitare l'ombra, causata da alberi e altra vegetazione, che può fare ombra ai pannelli solari. Ne riducono le prestazioni.
- Chiedete la consulenza di un esperto in materia di energia solare: quando decidete di installare un impianto a energia solare, cercate qualcuno che sia in grado di garantire una buona installazione. In questo modo, faranno le ricerche giuste per il vostro caso specifico e avrete al vostro fianco dei professionisti che potranno sempre consigliarvi in futuro, se necessario.

In termini di frequenza

Le condizioni atmosferiche e l'aspetto dei pannelli solari sono indicatori chiave da considerare quando si pensa alla frequenza della loro pulizia e manutenzione. La frequenza può essere da 1 a 2 volte l'anno, ma dipende sempre dalle condizioni che devono affrontare e dalla regione del Paese in cui si trova l'installazione.

Il controllo passo-passo degli spazi del kit solare

Gli inverter solari sono elementi distinti e devono essere controllati passo dopo passo. È importante notare che non devono essere collocati in luoghi in cui non siano esposti a temperature molto elevate (superiori a 35º).

- Controllare annualmente il cablaggio, che si deteriora con il tempo.
- Verificare che la tensione e la corrente siano corrette.
- Controllare le indicazioni e le avvertenze relative agli errori di funzionamento. A tale scopo, è necessario consultare i manuali dei modelli specifici.

Celle solari

Se il kit di pannelli solari è dotato di batterie, è necessario eseguire una serie di operazioni di cura e manutenzione.

- Eseguire la pulizia esterna e le ispezioni dei danni almeno una volta all'anno.
- Oltre alla pulizia, controllare le aree potenzialmente danneggiate, ecc. e verificare che i collegamenti siano intatti e sicuri.
- Controllare che il livello dell'acqua sia corretto quattro o cinque volte all'anno.

Una manutenzione regolare dell'intero impianto è essenziale per garantire la longevità del kit fotovoltaico; non solo, ma garantirete anche un rendimento ottimale, il che significa che il kit di pannelli solari produrrà più energia.

Manutenzione e monitoraggio dell'impianto solare domestico

I problemi tecnici e di rendimento non sono rari e possono essere facilmente individuati utilizzando le informazioni visualizzate dall'inverter o da un monitor solare. A seconda del monitor solare che si sceglie di installare, è possibile "vedere" le prestazioni del sistema o regolare a distanza il consumo per tenere sotto controllo l'utilizzo dell'elettricità nei periodi di maggiore richiesta. Alcuni sistemi di monitoraggio inviano avvisi al vostro dispositivo mobile se vengono identificati cambiamenti drastici nella produzione di energia. Ecco una panoramica di ciò che un sistema di monitoraggio solare di alta qualità può fare per voi.

Monitoraggio del livello di produzione: È il primo livello di monitoraggio. Il dispositivo di monitoraggio indica la quantità di elettricità prodotta dai pannelli solari in un determinato momento. Queste informazioni sono rappresentate in forma digitale e per visualizzare le letture di produzione è possibile utilizzare un'applicazione fornita con il dispositivo di monitoraggio. I dispositivi tra cui scegliere sono numerosi e i prezzi variano da 20 a oltre 300 dollari. Sense Energy Monitor è uno dei marchi leader che sono facili da installare. L'installazione del dispositivo richiede meno di un'ora, ma si teme che non fornisca sempre letture accurate. Anche SolarEdge produce monitor solari di alta qualità con rilevamento dei guasti. Per utilizzare questo sistema è necessario acquistare l'inverter SolarEdge, perché il sistema di monitoraggio è integrato nell'inverter.

Monitoraggio dei consumi: È inoltre possibile monitorare la quantità di elettricità consumata e, con il tempo, il dispositivo apprenderà quali sono gli apparecchi che consumano più elettricità. In questo modo è possibile controllare quali apparecchi far funzionare in un determinato momento della giornata. In genere, gli apparecchi che richiedono più elettricità devono essere accesi durante le ore di picco del sole, in modo da lasciare ai pannelli il tempo necessario per caricare le batterie, se sono installate.

Confronto delle bollette: Si tratta di un'ottima funzione se vendete energia all'azienda elettrica. Potete facilmente confrontare quanto pagate per la vostra elettricità con quanto vi paga la società di servizi per l'energia che esportate. È inoltre possibile ottenere stime giornaliere di quanto si prevede di pagare per l'energia utilizzata dalla società di servizi. Questa funzione è comoda e funziona bene per verificare se state risparmiando grazie al vostro impianto solare.

Risoluzione dei problemi

I due problemi più comuni che un impianto solare domestico può incontrare sono l'assenza di potenza in uscita (assenza di energia) o problemi di alta e bassa tensione. Il punto di partenza quando si riscontra uno di questi problemi è il manuale di istruzioni fornito con l'inverter. La maggior parte degli inverter digitali ha un display che mostra i codici di errore. Se non si riesce a determinare la causa del problema, si possono intraprendere le seguenti azioni per risolverlo.

Potenza in uscita pari a zero: Un problema frequente quando un impianto solare domestico è in funzione da tempo. È causato da un inverter o da un regolatore di carica difettosi. È anche probabile che uno dei pannelli si sia guastato. Se i pannelli solari sono collegati in serie, il guasto di uno di essi introduce un circuito aperto. Per riparare il sistema, controllare ogni componente con un multimetro. È necessario selezionare il multimetro per un test di corrente/tensione. Zero Volt o Zero Ampere dal campo indicano un pannello difettoso.

Elevata potenza di uscita: A volte, il sistema può fornire una quantità eccessiva di elettricità che può causare danni agli apparecchi. Nella maggior parte dei casi, ciò significa che il regolatore di tensione situato all'interno dell'inverter non funziona più correttamente. Gli inverter dovrebbero spegnersi se vengono rilevate condizioni di sovratensione.

Bassa potenza in uscita: Si verifica quando un sistema solare non eroga la potenza adeguata per cui è stato progettato. La soluzione di questo problema è più complessa di quella di un problema di assenza di potenza. Alcuni fattori che causano un problema di bassa potenza sono:

- **Ombreggiatura:** È la principale causa comune di bassa tensione. Si consiglia di effettuare un controllo regolare del sito di installazione per assicurarsi che non vi siano alberi nelle vicinanze, che possano creare un'ombra in qualsiasi giorno della giornata. L'ombra impedirà alla luce solare di colpire direttamente i pannelli solari. La durata di vita dei pannelli solari è elevata, mentre gli alberi crescono nel tempo. La chioma degli alberi varia a seconda del tipo di albero e dell'entità dell'ombra che fornisce.

- **Temperatura:** La caduta di tensione aumenta con l'aumentare della temperatura. Le temperature elevate fanno sì che il sistema produca una potenza inferiore. L'aggiunta di altri moduli in serie eliminerà questo problema perché aumenterà la tensione del sistema. Assicurarsi che la circolazione dell'aria sotto i pannelli e intorno all'inverter sia sufficiente. Non ostruire le aperture dell'inverter.

- **Collegamento difettoso:** Verificare la presenza di un collegamento difettoso o allentato. Con un multimetro è possibile controllare i livelli di tensione in vari punti per determinare il punto in cui si verifica la bassa tensione. Il cablaggio scadente è la causa più comune di questo problema. Si consiglia di rivolgersi a personale qualificato per rifare il cablaggio e l'installazione.

- **Difetti dei pannelli solari:** Nonostante l'aspettativa di vita di un pannello solare, i guasti non sono rari. I richiami dei prodotti sono frequenti ed è per questo che è necessario scegliere un marchio affidabile. Se si acquistano prodotti economici, è probabile che non si venga informati di un difetto e di solito la garanzia non esiste o viene annullata se si installa il sistema da soli. Durante la risoluzione dei problemi, è possibile controllare i pannelli per verificare i seguenti aspetti.

- **La batteria non è sufficientemente carica:** Si tratta di un problema comune nelle installazioni off-grid, soprattutto se il sistema funziona per un certo periodo di tempo. Se si utilizzano batterie di scarsa qualità, i cicli della batteria non possono essere garantiti e la batteria perderà la sua capacità di mantenere la carica molto rapidamente. In questo caso, verificare che la batteria mantenga correttamente la carica utilizzando un multimetro. Ogni batteria deve registrare una tensione superiore a 12,6 V. Se si nota che le batterie sono al di sotto dei 12 V dopo averle caricate, è probabilmente il momento di sostituirle. A volte anche il regolatore di carica potrebbe essere difettoso. Se l'inverter è dotato di un regolatore di carica integrato, è necessario farlo controllare dal produttore.

Hotspot

Quando nelle celle compaiono delle microfessure, si verifica un punto caldo. Ciò comporta una serie di resistenze delle celle solari in un pannello che potrebbero essere aumentate nel tempo. Il risultato complessivo è una tensione più bassa nel pannello e la tensione complessiva del campo solare si riduce.

Scatola di giunzione del pannello difettosa

Una scatola di giunzione esposta all'umidità potrebbe causare un aumento della resistenza. Per questo motivo è necessario garantire una chiusura ermetica quando si installa la scatola di giunzione locale dietro il pannello solare. Non ci devono essere spazi d'aria e si deve lasciare che l'adesivo si indurisca completamente prima di montare i pannelli sul tetto.

Delaminazione

Quando il legame tra le plastiche sul retro del pannello e il vetro superiore si separa, la condizione è nota come delaminazione. Questo problema è facilmente osservabile a occhio nudo e l'umidità può penetrare nel circuito elettrico del pannello, creando una dispersione di corrente o un cortocircuito in caso di delaminazione.

Altre soluzioni per la risoluzione dei problemi

Controllare gli interruttori: L'assenza di energia può verificarsi se sovratensioni, guasti e sovraccarichi fanno scattare gli interruttori. Questo impedisce all'elettricità solare di caricare le batterie o di distribuire l'energia alla scatola del pannello principale. Se si accende e si spegne l'interruttore e non succede nulla, effettuare un test di continuità; se non succede nulla, l'interruttore potrebbe essere difettoso.

Controllare che non vi siano ostruzioni sui pannelli solari: Ombreggiamenti inaspettati possono derivare dal fogliame degli alberi recenti, dalla polvere accumulata, dai detriti e dal polline che possono accumularsi nel tempo. Prendete in considerazione l'installazione di una protezione per animali domestici per evitare che topi, uccelli e roditori si installino sui pannelli solari.

Controllare il monitor solare: I dati del monitor solare vi forniranno un buon quadro di ciò che sta accadendo al vostro sistema. L'aspetto positivo è che la registrazione dei dati mostra le prestazioni storiche del sistema e si può sempre risalire al momento in cui il sistema ha iniziato a perdere le sue prestazioni.

Cura del sistema

Sebbene i pannelli solari non richiedano una manutenzione come altri dispositivi per la produzione di energia, potrebbe essere necessario effettuare una manutenzione di tanto in tanto. Le ispezioni fisiche devono essere effettuate regolarmente per identificare qualsiasi cosa che possa interferire con il funzionamento del sistema. Ecco alcune delle attività che potete fare per prendervi cura del vostro impianto solare domestico.

- Rimuovete e tagliate costantemente tutti gli alberi o la vegetazione che possono creare una dispersione nei pannelli. Forse voi non avete alberi alti nella vostra proprietà, ma il vostro vicino potrebbe averne. Prendete in considerazione l'idea di parlare con loro delle opzioni per evitare che i vostri pannelli solari vengano ombreggiati. Se gli uccelli frequentano la vostra proprietà, controllate che i pannelli non contengano escrementi di uccelli e puliteli adeguatamente con un panno privo di lanugine che non graffi la superficie del vetro. I detergenti possono causare abrasioni e rendere i pannelli opachi, mentre i graffi possono disperdere la luce, impedendole di raggiungere efficacemente le celle. Per pulire la superficie dei pannelli è necessario utilizzare solo acqua.

- Non utilizzate fonti di luce alternative per far produrre elettricità ai vostri pannelli. La luce di fuochi e torce può danneggiare i pannelli solari, invalidando la garanzia e costringendovi a pagare migliaia di dollari. Assicuratevi che solo la luce solare diretta cada effettivamente sul vostro impianto.

- Tenere la polvere lontana dall'inverter. La polvere è un buon conduttore di elettricità e se entra nell'inverter attraverso il sistema di raffreddamento, i componenti interni dell'inverter possono andare in cortocircuito, provocando un incendio o un'esplosione elettrica. Inoltre, l'inverter non deve entrare in contatto con l'acqua. Non solo il sistema si danneggerebbe, ma si rischierebbero anche folgorazioni e danni alle apparecchiature elettriche se l'umidità entrasse nell'inverter.

- Se le batterie sono installate come parte del sistema, non collocarle direttamente sul pavimento. In questo caso, le celle delle batterie potrebbero danneggiarsi a causa della temperatura del pavimento e della mancanza di ventilazione.

I principali errori che si commettono durante l'installazione di un impianto solare domestico

Dimensionamento errato dell'impianto: Gli utenti del solare, nella maggior parte dei casi, finiscono per sbagliare le loro aspettative a causa di un errato dimensionamento dei loro sistemi. Gli utenti collegati alla rete di solito proiettano in eccesso i loro risparmi e non considerano quanto produce il loro impianto solare rispetto al loro utilizzo. Nelle installazioni off-grid, gli utenti del sistema solare possono essere esclusi. In genere, gli utenti off-grid non tengono conto delle variazioni di produzione dovute alle stagioni (ad esempio, durante l'inverno i pannelli solari tendono a produrre meno energia a causa delle ore di sole limitate). Eseguire accuratamente i calcoli e tenere conto delle variazioni stagionali prima dell'installazione può aiutare efficacemente a decidere il dimensionamento del sistema.

Scarsa lungimiranza: Gli utenti di impianti solari di solito decidono in base alle loro aspettative attuali. I clienti possono considerare solo il loro carico attuale e trascurare lo spazio per l'espansione. Un impianto solare è un investimento a lungo termine; anche i fattori a lungo termine devono essere presi in considerazione quando si sceglie l'impianto giusto per voi e la vostra famiglia. Un altro aspetto da tenere in considerazione è la perdita di prestazioni nel tempo. I pannelli solari perdono circa l'1% della loro potenza all'anno, a seconda della qualità del marchio. È necessario tenerne conto. Sovradimensionare leggermente il sistema è il modo per compensare le perdite di rendimento dei pannelli solari.

Montaggio non corretto dei pannelli solari sul tetto: Il montaggio dei pannelli solari richiede precisione. Se i pannelli non sono orientati correttamente o perfettamente allineati, saranno esposti al sole in modo diverso, con conseguente produzione diversa a livello di singolo pannello. Gli ottimizzatori solari possono aiutare a correggere questo problema, ma possono lavorare solo con ciò che gli è stato assegnato. È necessario evitare il più possibile gli squilibri di potenza. Evitate di installare pannelli solari dello stesso array in luoghi diversi. So che alcune persone preferiscono installare stringhe collegate su entrambi i lati del tetto, sperando che sfruttino il movimento del sole. È una cattiva idea, soprattutto se i pannelli sono collegati in serie. Le prestazioni del sistema si baseranno sui pannelli che generano meno elettricità. Se si vuole sfruttare la posizione del sole nel corso della giornata, è meglio installare un sistema a terra che utilizzi inseguitori solari. Sono piuttosto costosi, ma è possibile raddoppiare facilmente le ore di sole di picco installando gli inseguitori solari.

Concentrarsi sul costo dell'installazione: La maggior parte dei proprietari cade nella trappola di scegliere l'opzione più economica per l'investimento nel sistema solare, per abbreviare il periodo di ritorno dell'investimento. Potreste scoprire che le opzioni più economiche per le forniture solari potrebbero non essere efficaci come previsto. Un altro inconveniente dell'acquisto di prodotti economici è che i costi sostenuti per la manutenzione di questi prodotti aumentano il periodo di ritorno dell'investimento e, allo stesso tempo, compromettono il processo di produzione di energia. Non scendete mai a compromessi sulla qualità del vostro impianto solare.

Non sto installando un sistema di monitoraggio: La porta Ethernet sull'inverter è presente per un motivo. Non lo considero un errore del fai-da-te perché i professionisti non parlano spesso di monitoraggio dell'impianto solare. Se volete che il vostro impianto solare domestico continui a fornire le massime prestazioni per tutta la sua durata, dovete installare un sistema di monitoraggio.

Minacce future per il sistema solare domestico

Con il monitoraggio remoto tramite le porte di comunicazione Ethernet di cui è dotata la maggior parte degli inverter, il vostro sistema solare domestico è vulnerabile alla criminalità informatica. Il settore si sta muovendo verso le smart-grid e la vostra casa connessa può essere un punto di ingresso per attività dannose. Pensate agli attacchi ransomware che hanno fatto parlare di sé nel 2021. In un attacco ransomware, un hacker può impedirvi di accedere all'elettricità dal vostro sistema domestico. Oppure può farlo in modo sottile, manipolando il monitor solare o rubando parte dell'elettricità. Questo è già accaduto in passato su scala più ampia e negli ultimi anni si sono verificati attacchi all'infrastruttura nazionale che hanno portato a blackout in alcune comunità. Gli attacchi Denial-of-service o DDoS possono verificarsi se un hacker penetra nella rete domestica e ottiene l'accesso e il controllo dell'inverter. È necessario essere consapevoli delle vulnerabilità del sistema, che possono essere facilmente risolte se ci si tiene aggiornati con gli aggiornamenti software del produttore dell'apparecchiatura. Se non siete persone tecnicamente preparate, il modo più semplice per proteggersi dal cyber-crimine è affidarsi alle patch di sicurezza fornite dal fornitore. È inoltre necessario assicurarsi che la rete domestica sia sicura per evitare intrusioni nel sistema che potrebbero essere difficili da rilevare.

Suggerimenti per i bonus

Trovate un elettricista autorizzato e amichevole: Se installate l'impianto in modo fai-da-te, è inevitabile che si verifichino degli errori. Prima di chiamare gli ispettori per ottenere il permesso di operare, chiedete a un elettricista di fare un'ispezione preliminare per voi. Questo vi aiuterà a ridurre le possibilità che il vostro impianto venga considerato non sicuro. Probabilmente pagherete una piccola somma all'elettricista autorizzato, in modo che possa determinare se tutto è stato fatto correttamente.

Considerate un sopralluogo professionale: È difficile valutare da soli le condizioni del tetto e fornire una relazione ingegneristica che potrebbe essere necessaria quando si presenta la domanda di autorizzazione all'esercizio. La relazione ingegneristica vi aiuterà anche a scegliere il sistema di scaffalatura più adatto e vi fornirà la prova quantitativa che il vostro tetto è in grado di sostenere l'intero peso dei pannelli solari che intendete installare.

Presentare la domanda in anticipo: Presentare la domanda in anticipo evita ritardi nell'ottenimento dell'approvazione. È ora possibile presentare queste domande online e riceverete dall'autorità locale una data di appuntamento in cui l'ispettore visiterà la vostra sede. I tempi possono variare da 30 a 45 giorni.

Acquistate tutti i componenti dallo stesso fornitore: È necessario assicurarsi che tutti i componenti siano compatibili tra loro. Invece di stressarvi con le schede tecniche, acquistando le vostre forniture da un unico fornitore avrete accesso a persone esperte che vi consiglieranno i prodotti migliori del loro negozio.

Le sfide, le peculiarità e i possibili problemi dei sistemi solari off-grid

L'installazione di un sistema di generazione di energia fotovoltaica off-grid può potenzialmente risolvere il problema della produzione di energia elettrica, in particolare per le persone che vivono in aree prive di accesso all'elettricità o dove il costo della produzione di energia elettrica è molto elevato.

Rispetto a un sistema tradizionale collegato alla rete, il sistema off-grid può essere un po' complicato. Poiché questi sistemi sono progettati per essere l'unica fonte di energia su cui l'utente fa affidamento, è necessario conoscerne le peculiarità, i possibili problemi e le modalità di risoluzione dei problemi. Queste sfide iniziano con la progettazione del sistema off-grid. Oltre ai pannelli, all'inverter e al sistema di distribuzione dell'energia di un sistema convenzionale collegato alla rete, le unità off-grid sono dotate di componenti aggiuntivi come le batterie di accumulo e i regolatori di carica. Tutti questi elementi rendono l'impianto elettrico un po' più complicato. Tuttavia, il sistema deve essere progettato in modo da essere affidabile, poiché in caso di guasto non è possibile ricorrere alla rete elettrica.

Problemi comuni di progettazione dei sistemi solari off-grid

Se devono essere in grado di soddisfare l'uso quotidiano, devono essere progettati in base al fabbisogno energetico dell'utente. Questo aspetto deve essere tenuto in grande considerazione nella scelta dei vari componenti del sistema, come l'inverter solare, le batterie, i regolatori di carica, gli interruttori e persino i componenti elettrici della casa o della baita in cui si desidera installare l'unità.

Per pianificare e progettare l'impianto fotovoltaico, è necessario svolgere un adeguato lavoro preliminare. Si inizia con la comprensione del tipo di carico e del fabbisogno energetico complessivo. È inoltre necessario valutare le condizioni climatiche del sito in cui verrà realizzato il progetto di installazione. Solo dopo che questa compilazione è stata debitamente effettuata, si può procedere alla progettazione del sistema secondo le specifiche. Tuttavia, di seguito sono evidenziate alcune ulteriori considerazioni importanti per la pianificazione e l'esecuzione del progetto di installazione:

Assicurarsi che la tensione della batteria e quella degli altri componenti corrispondano.

Un interruttore elettronico di solito collega direttamente il sistema di accumulo della batteria e il regolatore di carica PWM senza induttanze nel mezzo. La conseguenza è che la tensione del componente deve essere pari a 1,2-2,0 volte la tensione della batteria. Ad esempio, se la batteria è di 24 V, la tensione di ingresso deve essere di 30-50 V al massimo.

I regolatori MPPT di solito hanno un circuito induttore in aggiunta all'interruttore. Per questi, la tensione d'ingresso deve essere da 1,2 a 3,5 volte la tensione della batteria: se la batteria è da 24 V, la tensione d'ingresso deve essere da 30 a 90 V.

È necessario assicurarsi che la potenza di uscita dell'impianto solare corrisponda a quella della centralina.

Ad esempio, se si dispone di un regolatore di carica da 48V e 30A. La potenza di uscita, che di solito è il prodotto di questi due parametri, dovrebbe essere di 1440VA. Pertanto, la potenza del componente dovrebbe essere mantenuta a circa 1500W. Pertanto, quando si sceglie il regolatore di carica, è necessario verificare la tensione della batteria e dividere la potenza di uscita per essa. In questo modo si avrà un'idea della corrente del regolatore di carica da utilizzare per il sistema.

È possibile utilizzare più inverter

Se la potenza di un inverter non è sufficiente per l'unità, è possibile combinare gli inverter in parallelo. In questo caso, l'uscita del sistema fotovoltaico sarà collegata al carico e la tensione, la corrente e l'ampiezza dell'uscita dell'inverter saranno diverse.

Risoluzione dei problemi comuni dei sistemi solari fotovoltaici off-grid

In questa sessione ho raccolto alcuni problemi che potreste incontrare durante l'installazione o il funzionamento della vostra unità solare off-grid. Non si tratta di un elenco esaustivo di problemi tecnici che potreste dover affrontare. Tuttavia, se doveste incontrare uno di questi problemi, saprete cosa fare.

L'LCD dell'inverter non viene visualizzato

L'LCD dell'inverter è alimentato direttamente dalla batteria, quindi se non viene visualizzato alcun indicatore, è probabile che non vi sia corrente in ingresso dalla batteria. Ciò potrebbe essere dovuto a uno dei seguenti motivi:

1. **Bassa tensione della batteria:** di solito le batterie vengono consegnate dalla fabbrica con una carica completa. Tuttavia, le batterie che non sono state utilizzate per un certo periodo di tempo iniziano ad autoscaricarsi lentamente. Una situazione simile si verifica quando il cavo di collegamento in serie della batteria non è collegato correttamente all'ingresso. La batteria non viene caricata e la tensione di alimentazione non è sufficiente per alimentare l'inverter.

Quando la tensione della batteria è troppo bassa, non può essere caricata dal sistema a energia solare. È quindi necessario portarla altrove per caricarla oltre il 30% prima di ricollegarla.

2. **Collegamento errato dei terminali della batteria:** le batterie hanno tipicamente poli positivi e negativi. In genere, il cavo rosso deve essere collegato ai poli positivi, mentre il nero deve essere collegato ai poli negativi. Se questo collegamento è invertito, la batteria non fornisce energia.

In genere, se il circuito presenta un problema, è necessario misurare prima la tensione delle batterie con un multimetro. A tensione normale, la somma delle tensioni di ciascuna batteria dovrebbe essere uguale alla tensione totale. Se questa lettura è errata, è necessario controllare i collegamenti dei vari terminali e verificare che siano collegati correttamente.

3. Anche un interruttore CC difettoso o non collegato può essere un problema. Anche l'inverter stesso potrebbe essere difettoso. Dopo aver controllato la tensione e i terminali della batteria e se tutto è a posto, è necessario controllare l'interruttore CC. Se questo non è danneggiato ed è acceso, il problema potrebbe essere l'inverter.

La batteria non si carica

Le batterie vengono caricate dall'energia proveniente dal modulo fotovoltaico attraverso il regolatore. Potrebbe anche passare prima dalla rete elettrica e poi dal regolatore di carica. Le ragioni per cui la batteria non si carica sono molteplici. Tra questi vi sono:

1. Problemi con il componente FV: ciò può essere dovuto a una bassa tensione del componente FV, a una luce solare insufficiente o a un problema di cablaggio dal componente FV alla batteria. È necessario controllare e testare l'interruttore CC, il terminale, il componente FV e il connettore del cavo per verificare che tutto sia collegato correttamente e che funzioni.

2. Cablaggio difettoso nel circuito della batteria: verificare che il circuito della batteria sia stato cablato correttamente.

3. Batteria completamente carica: quando la batteria è effettivamente completamente carica, non può più essere ricaricata. Il problema potrebbe essere una sovracorrente o una sovratensione in ingresso. In genere, la corrente di carica di una batteria dovrebbe essere compresa tra 0,1C e 0,2C, con un valore massimo di 0,3C. Per una batteria al piombo da 12 V, 200 A, la corrente di carica deve essere compresa tra 20 e 40 A e non deve superare i 60 A. È necessario assicurarsi che la potenza fornita dal componente fotovoltaico corrisponda a quella del regolatore di carica.

Il problema potrebbe anche essere una sovratensione in ingresso. È necessario controllare la tensione del pannello della batteria per assicurarsi che la tensione del componente fotovoltaico non sia troppo alta. In tal caso, è necessario ridurre il numero di celle fotovoltaiche per adeguarle all'ingresso della batteria.

L'inverter visualizza "Sovraccarico" o non si avvia

Un problema di sovraccarico potrebbe essere causato dall'inverter, dalla batteria o dal carico.

1. Sovraccarico dell'inverter: se la potenza dell'inverter supera la portata temporale, è necessario regolare il carico di conseguenza.

2. Sovraccarico della batteria: in genere, la corrente di scarica dovrebbe essere compresa tra 0,2 e 0,3 C, con un valore massimo di 0,5 C. Pertanto, per una batteria LFA da 12 V e 200 AH, la potenza massima in uscita non deve superare i 2400 W. I valori specifici di questi parametri possono variare per i diversi modelli di batteria dei vari produttori:

3. Sovraccarico dei carichi: i carichi che generano una forza retroelettromotrice, come gli ascensori, non devono essere collegati direttamente al terminale di uscita dell'inverter. La forza retroelettromotrice generata entra nell'inverter e lo danneggia. Per questo tipo di collegamento è necessario prevedere un convertitore di frequenza tra il motore dell'ascensore e l'inverter. Potrebbe anche essere che il carico induttivo all'avvio sia semplicemente troppo elevato per l'inverter.

È necessario assicurarsi che la potenza nominale della tensione sia inferiore a quella dell'inverter. In genere, la potenza di picco del carico dovrebbe essere pari a 1,5 volte la potenza dell'inverter, non di più.

Peculiarità dei sistemi di energia solare off-grid

Le zone d'ombra di un'installazione completamente off-grid sono molto più numerose rispetto alla semplice installazione di un sistema solare collegato alla rete per integrare l'utilizzo dell'energia. Oltre alle considerazioni tecniche, ci sono altri fattori da considerare prima di procedere con un'installazione solare off-grid.

Andare off-grid ha senso dal punto di vista finanziario (nel lungo periodo)

Nonostante la costante riduzione del costo complessivo dei pannelli solari, degli inverter e dei sistemi di batterie che compongono un impianto solare off-grid, il costo iniziale non è ancora del tutto economico. Infatti, per la maggior parte degli utenti il costo iniziale dell'installazione di un sistema completamente off-grid è intimidatorio. Inoltre, questo costo non si ammortizza immediatamente. Una volta fuori rete, non sarà più necessario pagare l'azienda elettrica, ma ci vorranno anni prima che il risparmio accumulato possa compensare il costo iniziale dell'installazione. Tuttavia, nella maggior parte dei casi, alla fine ci si riesce, e l'installazione di un sistema off-grid (ammesso che tutti gli altri fattori preliminari che dovevano essere presi in considerazione siano verificati) è una decisione finanziariamente valida. In media, nella maggior parte delle località si possono risparmiare fino a 20.000 dollari in un periodo di 20 anni.

In genere, si dovrebbe essere in grado di recuperare l'investimento iniziale nel costo iniziale del pannello solare stesso entro cinque anni dall'installazione. Le batterie per l'immagazzinamento dell'energia solare richiedono più tempo per recuperare il loro costo (anche dieci anni), ma alla fine ci riescono.

Andare completamente fuori rete può essere illegale in alcune località

Nella maggior parte delle località, l'installazione di pannelli solari per la produzione di elettricità è consentita per integrare la rete elettrica. Tuttavia, in alcuni Paesi è illegale scollegare completamente la propria abitazione dalla rete elettrica. Di solito queste restrizioni si applicano maggiormente alle aree urbane o metropolitane e meno alle aree rurali.

Tecnicamente, nessuno Stato degli USA vieta completamente la vita off-grid. In molti casi, è consentito svolgere semplici attività di vita off-grid e generare la propria energia. Tuttavia, in molti luoghi, gli aspetti infrastrutturali della completa disconnessione dal servizio pubblico convenzionale sono altamente regolamentati.

Le leggi che regolano la vita off-grid variano da uno Stato all'altro e possono anche essere diverse dalla vostra specifica contea o comune. Nella maggior parte dei luoghi è legale installare pannelli solari. In altri luoghi, invece, è necessario ottenere un permesso speciale. Ma non tutti gli Stati Uniti permettono ai residenti di scollegarsi completamente dalla rete elettrica. Alcuni Stati lo consentono, ma richiedono comunque ai proprietari di casa di pagare una quota fissa mensile alla società di servizi.

In Nevada, ad esempio, è necessario rimanere collegati alla rete e pagare una piccola tassa di connessione anche se non si utilizza il servizio. In alcuni casi, lo Stato potrebbe non vietare la disconnessione dalla rete, ma la vostra compagnia assicurativa potrebbe imporre tale connessione per mantenere la copertura. Pertanto, prima di iniziare a pianificare la vostra installazione off-grid, assicuratevi di verificare le sfumature legali relative alla vostra specifica località. Per informazioni, rivolgetevi alla vostra società di servizi o a una rinomata società di installazione di impianti solari della zona. In alcuni casi, come ad esempio in una baita isolata nel bosco o in una casa mobile, l'installazione off-grid è una scelta ovvia e non esiste alcuna restrizione.

Implicazioni immobiliari

L'adozione di una casa completamente off-grid può avere anche alcune implicazioni nel caso in cui dobbiate mettere in vendita o affittare la vostra casa. Una casa off-grid avrà probabilmente un'attrattiva mista sul mercato. Da un lato, i potenziali acquirenti attenti all'ambiente troveranno molto interessante l'idea di una casa con un'impronta di carbonio limitata. Naturalmente, questo significherebbe un aumento del valore, soprattutto se il numero di persone interessate alla vita off-grid intorno a voi è elevato. Tuttavia, vivere in queste case comporta alcuni importanti sacrifici energetici che potrebbero non entusiasmare molti acquirenti di case tradizionali. Prima di impegnarsi in un progetto, è necessario valutare entrambi gli aspetti.

Affrontare i problemi del sistema sarà leggermente impegnativo

Una delle implicazioni del passaggio a un sistema completamente off-grid è che sarete completamente responsabili della riparazione e della manutenzione del vostro sistema di alimentazione, a differenza di quanto accadeva in passato quando tutto dipendeva dall'azienda elettrica. La consolazione, tuttavia, è che i pannelli solari non hanno bisogno di molta manutenzione. La pulizia occasionale dei pannelli e il controllo della batteria e dell'inverter un paio di volte all'anno dovrebbero essere sufficienti per mantenere il sistema in funzione.

Tuttavia, le cose potrebbero diventare piuttosto difficili quando si verifica un problema grave all'impianto. In caso di danni o guasti gravi all'impianto elettrico, potrebbe essere necessario ricorrere a un aiuto specializzato che può essere piuttosto costoso. E questo potrebbe anche significare che sarete lasciati al buio fino a quando il problema non sarà risolto.

L'energia solare off-grid richiede alcuni importanti cambiamenti nello stile di vita

Se chiedete a chi ha un sistema completamente off-grid, vi dirà che l'abbandono della rete implica alcuni importanti cambiamenti e sacrifici nello stile di vita. In realtà, l'isolamento è uno stile di vita piuttosto che una semplice decisione. Per coloro che vivono in aree in cui l'accesso alla rete è difficile o impossibile, la scelta dell'energia solare off-grid non è affatto scontata. L'alternativa in questi luoghi è rappresentata da generatori pesanti, rumorosi e potenzialmente costosi.

Un sistema off-grid è anche una scelta facile per coloro che sono abituati a vivere uno stile di vita minimalista o per gli amanti dell'ambiente impegnati a mantenere una bassa impronta di carbonio. Queste persone hanno già una mentalità sostenibile e per loro potrebbe non essere troppo difficile cambiare lo stile di vita necessario per adottare un sistema off-grid.

Ma se siete un tipico proprietario di casa in una città o in un paese in cui la rete elettrica regolare e illimitata è la vostra caratteristica, l'energia solare off-grid non farebbe al caso vostro. Inoltre, la scelta di un impianto completamente off-grid potrebbe non essere consigliata a chi cerca un modo per risparmiare subito sui costi dell'energia elettrica. Pertanto, se il risparmio economico immediato è il motivo per cui si prende in considerazione l'energia solare, un sistema collegato alla rete sarà la scelta migliore. Sono più economici di quelli solari e non dovrete ridurre il vostro consumo di elettricità in modo significativo, poiché sarete comunque collegati alla rete per ottenere energia supplementare quando ne avrete bisogno.

Il costo elevato di un sistema off-grid fa sì che i proprietari di casa con un budget limitato preferiscano installare un sistema relativamente più piccolo. Ciò richiederà di conseguenza un importante stile di vita. Vivere off-grid richiede un ripensamento dell'uso dell'energia e alcuni cambiamenti importanti.

La quantità di energia disponibile ogni giorno può essere ulteriormente limitata dalle condizioni atmosferiche e dalle stagioni dell'anno. In una giornata nuvolosa, ad esempio, si può avere meno del 50% della potenza normalmente disponibile. L'esaurimento dell'energia nella batteria di accumulo può inoltre creare una situazione spiacevole, poiché significa dover aspettare che il sole torni a splendere o affidarsi a generatori di riserva nel frattempo.

Il vincolo di avere un accesso limitato all'energia elettrica influirà su diversi aspetti della vostra vita. Ad esempio, si può risparmiare sull'acqua, dato che non si può pompare con la stessa frequenza, usare l'aria condizionata solo quando è assolutamente necessario e rinunciare ai principali elettrodomestici che consumano energia e che non erano inclusi nel progetto originale.

Esiste anche la possibilità di integrare l'alimentazione con altre fonti di energia rinnovabile, come l'energia idroelettrica o eolica. Tuttavia, queste fonti sono in genere più costose e non sempre affidabili come l'energia solare. Queste altre opzioni possono rendere più facile l'adattamento alla vita off-grid. Ad esempio, è possibile sostituire i normali caloriferi con il riscaldamento solare passivo, che può essere installato accanto alle celle solari fotovoltaiche. Si può anche optare per il riscaldamento a legna convenzionale per il riscaldamento degli ambienti. Modifiche di questo tipo renderanno possibile un passaggio sostenibile ai sistemi di riscaldamento solare indipendente.

Legalità e leggi

Anche se l'uso dell'energia solare risale a migliaia di anni fa, i pannelli solari sui tetti sono considerati tecnologie piuttosto nuove; il fatto che di solito vengano aggiunti agli edifici dopo la loro costruzione è ciò che li rende particolarmente complicati da implementare. Quando le caratteristiche della casa sono tenute in considerazione come parte del piano e della progettazione dell'infrastruttura, è probabile che si verifichino meno problemi. Questo perché l'edificio e tutti i suoi aspetti sono progettati in modo tale da potersi adattare l'uno all'altro e lavorare armoniosamente. Quando i sistemi fotovoltaici vengono introdotti dopo la costruzione, potrebbe essere necessario rivalutare le disposizioni del codice per assicurarsi che il sistema di energia solare possa essere facilmente ospitato pur rimanendo efficace e aderendo agli obiettivi dei codici. Sebbene tali codici possano differire da un'area all'altra, chi installerà i pannelli solari potrà generalmente imbattersi in alcuni problemi, tra cui l'uso di un linguaggio vago o limitante nei codici e la mancanza di informazioni dovuta al divario tra i nuovi modelli, pratiche e tecnologie fotovoltaiche e la versione non aggiornata dei codici. Anche la variazione delle leggi e dei regolamenti nei diversi Stati, comuni e giurisdizioni, così come l'incoerenza, l'imprecisione e l'inefficienza dell'applicazione dei codici, possono causare diversi problemi.

Quando installate i vostri pannelli solari, soprattutto se lo fate da soli, dovete tenere presente che diversi Stati adottano i codici e le normative a livello statale, mentre altri permettono a ogni area di seguire l'adattamento locale dei codici elettrici, edilizi e antincendio, delle leggi e dei regolamenti. Ad esempio, se il vostro Stato richiede una superficie del tetto di almeno 200 metri quadrati per utilizzare un sistema a energia solare, potreste essere idonei a installare i pannelli se avete solo 150 metri quadrati di spazio (se vivete in una zona specifica), il che potrebbe creare confusione.

L'aspetto positivo dei codici implementati a livello statale è che offrono un senso di comprensione e coerenza. Questa uniformità si applica anche ai rivenditori e alle aziende, il che significa che si ottengono costi inferiori rispetto agli Stati che consentono un adattamento locale della legge. Con questa variazione e incoerenza, difficilmente si troveranno prezzi ragionevoli. Tuttavia, il problema può risiedere nel fatto che i codici applicati a livello statale possono subire un ritardo negli aggiornamenti relativi alle nuove pratiche e informazioni. Questi adattamenti alternati rientrano in due denominazioni piuttosto formali: "Dillon's Rule" e "Home Rule". Gli Stati che adottano la prima opzione sono quelli che detengono tutto il potere, a meno che non vengano esplicitamente assegnate aree specifiche alle giurisdizioni locali. Negli Stati che seguono la seconda opzione, le giurisdizioni locali hanno tutti i poteri, ad eccezione di quelli che sono esplicitamente indicati come poteri dello Stato.

Le AHJ, o Authorities Having Jurisdiction, sono in genere casi diversi. Questi Stati hanno solitamente capacità e compiti diversi e talvolta sovrapposti in relazione alle procedure di installazione dei pannelli solari. Per essere più precisi, le autorità competenti sono responsabili dell'attuazione dei codici edilizi e antincendio, e possono includere i dipartimenti sanitari dello Stato, i funzionari edilizi della contea e i vigili del fuoco. Nel frattempo, i governi locali degli Stati che seguono la Regola di Dillon sono tenuti a seguire il codice statale. Gli Stati con Home Rule possono adottare codici a livello statale o locale.

L'applicazione del codice è un aspetto fondamentale del processo di installazione. Se non ci si assicura che le regole vengano rispettate e che le istruzioni vengano attuate con attenzione, potrebbero verificarsi gravi disastri. È necessario tenere presente che anche i codici più accurati e chiaramente enunciati potrebbero non essere in grado di adempiere al loro scopo se una delle parti coinvolte, come i vigili del fuoco, il personale addetto alle autorizzazioni e gli ispettori edili, non hanno la formazione necessaria per essere coerenti, solidali e precisi nell'applicazione dei codici e nel mantenimento dei loro standard. Ciò significa che chi ha intenzione di installare i propri pannelli solari deve essere molto consapevole e informato su tutto ciò che sta facendo. Altrimenti, non solo rischierete di danneggiare il vostro nuovo impianto solare, ma potreste anche mettere a rischio voi stessi, la vostra comunità e il vostro quartiere. Indipendentemente dal tipo di codice adottato e dai regolamenti, le giurisdizioni locali sono sempre responsabili dell'applicazione del codice. Le leggi e le norme giuridiche relative agli impianti solari e all'installazione di qualsiasi tipo di pannello solare possono essere molto confuse.

Codici dei modelli e dove trovarli

Sebbene sia di grande aiuto il fatto che le autorità locali offrano ai governi locali un livello relativamente alto di flessibilità e di leva della professionalità locale, le differenze tra le diverse giurisdizioni possono causare complicazioni inutili, permessi eccessivi e spese di conformità aggiuntive per gli installatori solari. Non solo, ma anche le ispezioni eseguite dai professionisti possono risultare non conformi a causa di queste incongruenze. Si tratta di un problema ricorrente per gli installatori solari che operano in più di una giurisdizione. È problematico anche per gli amministratori a livello statale che dovrebbero supervisionare i programmi di implementazione in un intero Stato.

Per contribuire a offrire una soluzione valida a questo problema, i politici e gli amministratori statali incaricati di monitorare i programmi solari devono assicurarsi di offrire linee guida e risorse che aiutino le giurisdizioni locali a promuovere un livello di coerenza quando si tratta di applicare e adottare i codici relativi all'installazione del fotovoltaico.

Numerosi codici modello sono stati elaborati per promuovere standard minimi e corrispondenza tra le autorità competenti. L'International Code Council, un'associazione che sostiene la sicurezza e la prevenzione degli incendi, è il più importante di tutti. Si impegna a fornire aggiornamenti per tutti i suoi modelli ogni 3 anni. L'International Building Code, l'International Fire Code e l'International Residential Code sono codici modello esemplari sviluppati dall'International Code Council. Questi codici sono stati adottati a grande livello in tutti gli Stati Uniti, con modifiche a livello locale e statale. Energia pulita nei codici comunali: A Baseline Analysis of Municipal Codification across the United States", un rapporto del National Renewable Energy Laboratory, suggerisce che i codici comunali del 45% dei comuni di un campione di 1.266 fanno riferimento all'energia solare. Inoltre, questo rapporto ha rilevato che il 30% dei riferimenti all'energia solare nei codici comunali di Florida, Minnesota, California e Maryland, i quattro Stati selezionati, riguarda gli standard relativi alla progettazione e allo sviluppo. La maggior parte dei codici afferma che:

- Le apparecchiature solari devono essere schermate dalla vista del pubblico.
- Deve rispettare lo Uniform Solar Energy Code e altri codici di sicurezza e antincendio.
- Deve rientrare in una moltitudine di requisiti di progettazione, come il paesaggio generale, l'estetica e l'orientamento degli edifici dell'area.
- Deve affrontare le richieste di contrattempi.

Si noti che il rapporto ha mostrato che molti riferimenti non hanno affrontato i requisiti di altezza degli edifici per gli impianti solari. Come riferimento, questo rapporto è stato pubblicato nel dicembre 2016. Per evitare di incorrere in problemi, assicuratevi di consultare i codici precedenti. È inoltre opportuno contattare le autorità locali per conoscere la loro posizione nei confronti degli impianti solari off-the-grid. In questo modo ci si assicurerà di essere sulla strada giusta.

Pannelli solari off the grid Legalità

Forse vi sorprenderà sapere che i proprietari di case alimentate a energia solare hanno maggiori probabilità di avere problemi legali rispetto a quelli che non ne fanno uso. Essere fuori dalla rete vi permette di generare la vostra energia elettrica e allo stesso tempo di tenervi al riparo da inutili problemi con il governo. Chi è collegato alla rete elettrica può avere a che fare con regolamenti a livello statale e con tariffe minime di utilizzo. Chi utilizza pannelli solari off-the-grid deve sapere che i sistemi a corrente continua a bassa tensione sono soggetti a restrizioni molto meno severe, anche se il National Electric Code è ampiamente applicabile alle installazioni elettriche. Ciò include anche i camper e le abitazioni più piccole. Ciò significa che per chiunque sia interessato a una soluzione solare temporanea, è molto più facile implementare sistemi di alimentazione modulari off-grid. Questi sono praticamente inesistenti quando si tratta di normative complesse. Anche se non è raccomandato, le autorità non vi biasimeranno se scegliete di far passare i cavi USB invece di usare le prolunghe. Anche le aziende produttrici di energia solare e di installazione, così come i servizi e i prezzi che offrono per i pannelli solari on-the-grid, sono molto colpite. Nel tentativo di contrastare la rigidità delle normative, potrebbero finire per sovraccaricare coloro che sono connessi alla rete elettrica; ciò significa che verrà loro addebitato un costo elevato per le tariffe di utilizzo minimo. In questo caso, le persone finiscono per pagare quando consumano molta energia, anche se sono le loro stesse fonti di energia. Questo è incredibilmente ingiusto nei confronti di chi genera la maggior parte, se non tutta, l'energia di cui ha bisogno. Fino a questo momento, gli utenti di energia solare off-the-grid non sono obbligati per legge a pagare nulla. Tuttavia, è bene fare attenzione a qualsiasi potenziale allacciamento necessario se la zona in cui ci si trova è servita da servizi pubblici.

Per rimanere entro i confini legali delle installazioni off-the-grid è necessario mantenersi il più possibile sul lato a bassa tensione del sistema CC. Assicuratevi di utilizzare un cablaggio "temporaneo". Altrimenti, si potrebbe insinuare un'installazione permanente. Essere fuori dalla rete significa restarne fuori per sempre; evitate di collegare la vostra proprietà alla rete elettrica. Non è un passo facile da compiere. Coloro che sono in rete possono alimentarsi con l'energia del servizio pubblico locale quando esauriscono l'energia autoprodotta. Voi, invece, non potete fare lo stesso. Per questo motivo dovete assicurarvi di essere autosufficienti e di aver studiato tutto ciò che può bloccare la vostra capacità di ottenere energia dal sole. Per assicurarvi di sfruttare al meglio il vostro impianto solare, ci sono alcune leggi che dovete prendere in considerazione prima del processo di installazione.

Il Codice Elettrico Nazionale

Uno dei codici più importanti da controllare è il National Electric Code. Le norme relative agli impianti fotovoltaici off-the-grid contenute nel NEC sono accessibili pubblicamente via Internet. In questo codice si trovano le specifiche più importanti per il vostro impianto fotovoltaico off-the-grid. A prescindere dalle variazioni dei codici statali, tutti i 50 Stati applicano costantemente i codici disponibili in questa risorsa, in un modo o nell'altro. Se state pensando di rivolgervi a un installatore solare professionista, dovete assicurarvi che segua il NEC. Se invece volete farlo da soli, potreste aver bisogno di leggere bene il codice o di chiedere a un esperto di valutare il processo di installazione per assicurarvi di essere in regola con la legge.

Leggi comunali sul disturbo

Ogni città ha la facoltà di emanare ordinanze autorevoli che impongono limitazioni a ciò che i proprietari di case o immobili possono fare con o sui loro terreni. Anche se non esiste un codice comunale che vieti esplicitamente l'installazione di pannelli solari, le restrizioni possono essere mascherate da un decreto di abbellimento dell'area. Per quanto possa sembrare frustrante, molte città hanno leggi formulate in modo ambiguo che vietano l'installazione di qualsiasi cosa che sembri strana o poco attraente sul tetto della vostra casa. Anche se i pannelli solari non hanno un aspetto sgradevole, la bellezza è soggettiva; è probabile che queste leggi vengano utilizzate per ostacolare la produzione di energia elettrica, se la vostra città ha queste limitazioni.

Associazioni di proprietari di case e patti

Il numero di appezzamenti di terreno rurale venduti con clausole o patti è in aumento. Gli statuti e i patti sono progettati appositamente per garantire che il terreno acquistato sia protetto da un potenziale deprezzamento. Il deprezzamento del valore del terreno può derivare da diverse attività, tra cui il possesso di bestiame o anche di attrezzature inutilizzabili. È bene notare che la formulazione degli accordi può essere piuttosto confusa a causa delle possibilità illimitate di ciò che possono indicare. I regolamenti sono semplicemente imprevedibili. La verifica dei contratti vi aiuterà a individuare eventuali restrizioni, come ad esempio le limitazioni sulle dimensioni del vostro impianto solare o sul numero di pannelli solari che potete installare.

RV e fuori dalla rete

Molto probabilmente non ci sono leggi che vietano ai proprietari di camper di installare pannelli solari sui loro veicoli. Tuttavia, non dimenticate che le leggi e i regolamenti sulla sicurezza stradale sono ancora in vigore. Potreste avere molte domande su quanto sia sicuro girare per le strade con i pannelli solari sul tetto del vostro camper. Per garantire la sicurezza vostra e degli altri, dovete assicurarvi che i pannelli siano ben fissati. Non devono oscillare o cadere quando si accelera un po' e diventare un pericolo per la strada. Un altro aspetto da considerare è la possibilità che i pannelli solari riflettano la luce solare negli occhi degli altri conducenti, danneggiandoli o distraendoli momentaneamente.

È necessario avere il potere?

Una domanda che molte persone si pongono non appena prendono in considerazione l'installazione di pannelli solari e l'abbandono totale della rete elettrica è se sia necessario o meno avere costantemente la corrente in casa. Anche se questo può sembrare un problema personale, in realtà molti Stati richiedono la presenza di energia elettrica in casa. La risposta a questa domanda varia semplicemente a seconda della zona o dello Stato in cui si vive. Ci sono diverse aree in cui vivere senza o con un accesso limitato alla corrente è chiaramente legale (si pensi agli Amish). Alcuni Stati non affrontano esplicitamente la questione nei loro codici, soprattutto per le persone che vivono in case di proprietà. Bisogna però tenere presente che quasi tutte le città hanno regolamenti rigidi per quanto riguarda i diritti degli affittuari. Ciò significa che i proprietari di terreni devono sempre fornire le utenze di base, che di solito includono l'elettricità. Se siete proprietari e vivete nella vostra casa, di solito non ci sono specifiche precise, dato che tutti vogliono avere accesso all'energia elettrica nel luogo in cui vivono. Al contrario, le leggi indicano la posizione degli interruttori e delle prese, i metodi sicuri di cablaggio e altro ancora. Dovreste essere a posto, a patto che non vi lamentiate della mancanza di corrente in caso di esaurimento.

Permessi e pannelli solari off the grid

La necessità o meno di un'autorizzazione per l'installazione di un sistema solare off-the-grid dipende dal luogo in cui si vive. Ogni stato, contea e città, come ricorderete, hanno approcci diversi a quasi tutto ciò che facciamo, compresa l'installazione di pannelli solari. Ognuno di essi ha normative diverse in merito alle installazioni di pannelli solari off-the-grid e alla necessità o meno di un permesso per installarne uno sul tetto. Tuttavia, nella maggior parte delle aree non è necessario ottenere un permesso, soprattutto se si utilizza un kit fotovoltaico fai da te. Si consiglia comunque di rivolgersi alle autorità locali competenti per saperne di più. Tenete presente che in qualsiasi parte del mondo, le aree rurali non sono generalmente regolamentate come quelle urbane. Ciò significa che se vi trovate in una zona urbana della città, è più probabile che abbiate bisogno di un permesso per iniziare a costruire. Se ne avete bisogno, potete richiedere un permesso attraverso i servizi di autorizzazione solare o farlo da soli. È possibile trovare online strumenti gratuiti per il preventivo solare che vi aiutano a determinare una stima di quanto vi costerà ottenere un permesso.

Cose da sapere

In genere, chi installa pannelli solari che si affacciano sulla strada non è tenuto a ottenere un permesso. Se invece l'installazione avviene su un tetto che si affaccia sulla strada, dovrete approfondire i codici e le normative della vostra zona, in quanto potreste essere soggetti a un'ordinanza di abbellimento. Se il vostro edificio è classificato come patrimonio culturale, dovrete sicuramente rivolgervi al consiglio della vostra zona prima di tentare di modificare l'aspetto del vostro edificio. Se vivete in una zona classificata come patrimonio culturale, anche se la vostra casa è relativamente moderna, dovete comunque informarvi prima. In linea di massima, non siete tenuti a informare i vostri vicini dei vostri progetti di installazione di un impianto solare. Tuttavia, sarebbe opportuno spiegare loro cosa si intende fare, soprattutto perché il processo di installazione potrebbe essere rumoroso.

In generale, esistono molte leggi, codici e regolamenti relativi alle installazioni di pannelli solari. Tuttavia, le restrizioni e le limitazioni diminuiscono man mano che ci si dirige verso le opzioni di sistemi solari off-the-grid. Tuttavia, poiché ogni stato, contea e città segue una propria serie di codici e regolamenti, è necessario assicurarsi di essere effettivamente in regola con le leggi della propria zona.

Domande frequenti sull'energia solare

Qual è l'effettiva differenza tra fotovoltaico e solare termico?

Con l'energia solare termica, i collettori convertono la radiazione solare in calore utilizzabile. Di solito viene utilizzata tramite scambiatori di calore per il riscaldamento e la preparazione dell'acqua calda. Per fotovoltaico si intende la conversione diretta dell'energia solare in elettricità.

Cosa significa fotovoltaico?

Il fotovoltaico è la conversione diretta dell'energia della luce solare in elettricità mediante moduli solari composti da singole celle solari. Il termine deriva da photon (in greco: luce) e volta (inventore italiano da cui prese il nome l'unità di misura della tensione elettrica volt).

Che cos'è una cella solare?

Una cella solare è solitamente un disco molto sottile fatto di silicio e grande circa 15 x 15 cm. Sulla parte anteriore e posteriore sono attaccate delle strisce di contatto che trasportano la corrente generata dalla luce solare nella cella. Il silicio viene ricavato dalla sabbia di quarzo. Le altre celle solari cristalline e a film sottile sono molto meno diffuse. La loro quota di mercato combinata è inferiore al 10%.

Quanto tempo richiede l'installazione dell'impianto fotovoltaico?

Il tempo di installazione di un impianto fotovoltaico dipende dalla capacità e dalle condizioni strutturali. Per impianti fino a 10 kWp, l'installazione richiede da 1 a 3 giorni lavorativi.

Un impianto fotovoltaico può essere installato anche su un tetto piano?

Gli impianti fotovoltaici possono essere installati senza problemi su tetti piani. In questo caso, i moduli vengono montati ad angolo con un sistema di montaggio in modo da essere orientati in modo ottimale verso sud e avere un'inclinazione favorevole. Allo stesso tempo, l'installazione inclinata dei moduli garantisce l'effetto di pulizia e una ventilazione adeguata. È importante che la distanza tra i moduli sia sufficientemente ampia, altrimenti si verificherà un'ombreggiatura e quindi una riduzione del rendimento. Per installare la stessa potenza, la superficie del tetto piano necessaria è circa il doppio rispetto alla variante con tetto inclinato.

Qual è la differenza tra un sistema solare collegato alla rete e un sistema a isola?

In un sistema solare connesso alla rete, parte o tutta l'energia solare generata viene immessa nella rete elettrica pubblica. In un sistema autonomo, l'elettricità generata non viene immessa nella rete elettrica pubblica, ma viene utilizzata al 100% dall'azienda stessa. I sistemi ad isola non sono collegati alla rete elettrica.

Quali sono i tipi di montaggio disponibili per gli impianti fotovoltaici sui tetti?

Si fa una distinzione di base tra l'installazione sul tetto e quella all'interno del tetto. Nell'installazione su tetto, i moduli fotovoltaici sono fissati a punti di montaggio sopra la copertura del tetto esistente. Nel caso di tetti piani, i moduli vengono montati ad angolo utilizzando un sistema di montaggio in modo che siano allineati ad angolo.

Con l'installazione in-roof, i moduli fotovoltaici sono integrati direttamente nel tetto. Le tegole solari sostituiscono le tegole del tetto e sono collegate per formare unità più grandi sul lato inferiore con connessioni a innesto. Sebbene l'installazione sul tetto sia più gradevole dal punto di vista estetico, è più costosa a causa dei pannelli solari unici e dell'installazione più complessa.

Cosa significa la specifica di potenza Wp?

Wp sta per Watt di picco. Si tratta di un'unità di misura che si è affermata nel settore fotovoltaico. Indica la potenza che un modulo solare può raggiungere in piena luce solare (e in alcune altre condizioni aggiuntive) a mezzogiorno.

Quanta elettricità genera un impianto fotovoltaico?

La quantità di energia solare generata dipende dalla posizione, dall'inclinazione e dall'orientamento e dai moduli solari utilizzati. In media, un impianto fotovoltaico genera circa 1.000 kilowattora di elettricità per kWp, con una resa elettrica che spesso è leggermente superiore nelle regioni meridionali rispetto a quelle settentrionali.

E il cielo nuvoloso?

I moduli fotovoltaici utilizzano non solo la luce diretta del sole, che si verifica solo quando il cielo è sereno, ma anche la radiazione diffusa che passa attraverso le nuvole. Più è luminosa, più energia producono i moduli, indipendentemente dal fatto che il sole sia direttamente visibile o meno. Per inciso, la parte diffusa costituisce circa la metà della radiazione.

Quanto è sicuro e duraturo il sistema?

Il fotovoltaico ha dimostrato la sua affidabilità per molti anni e in molte applicazioni diverse. Il fotovoltaico è stato utilizzato nei viaggi spaziali fin dagli anni '60 e ha dato prova di sé. Dagli anni '90 sono stati costruiti migliaia di impianti di piccole e grandi dimensioni. Con una vita utile di circa 30 anni, attualmente si prevede una diminuzione annuale della potenza dei moduli dello 0,3-0,5%. Dopodiché, il vetro di copertura e il telaio metallico e in parte anche le celle solari possono essere riciclati, ad esempio per la produzione di nuovi moduli solari.

Non si produce più energia di quanta ne fornisca in totale il sistema solare?

Per generare l'energia che vi viene immessa di nuovo, l'impianto solare deve produrre energia per circa due anni. Con una vita utile di almeno 25 anni, genererà quindi più di dieci volte l'elettricità pulita necessaria per produrla.

Di quali componenti è composto un impianto fotovoltaico?

Un impianto fotovoltaico è costituito dai seguenti componenti, che vengono abbinati singolarmente tra loro e quindi adattati alle condizioni strutturali di base dell'abitazione:

- Moduli solari che generano corrente continua dall'energia solare.
- Inverter, che convertono la corrente continua in corrente alternata compatibile con la rete.
- Contatore di immissione che misura l'elettricità immessa nella rete elettrica.
- Cablaggio e telaio di montaggio su cui sono fissati i moduli solari.
- Accumulo di energia (opzionale) che immagazzina temporaneamente l'energia solare generata.

Dove deve essere installato l'inverter?

L'ideale sarebbe installare l'inverter in un luogo riparato e non troppo caldo anche in estate. Se non c'è un luogo di installazione adatto all'interno dell'abitazione, esistono anche inverter che possono essere installati all'esterno.

Un impianto fotovoltaico deve essere pulito regolarmente?

Normalmente no, perché grazie alla superficie liscia del modulo, la pioggia e la neve sono solitamente responsabili della pulizia.

Sono necessarie autorizzazioni per l'impianto fotovoltaico?

Prima della messa in funzione dell'impianto, è necessario chiarire la connessione alla rete, perché il gestore della rete può imporre requisiti aggiuntivi, soprattutto per gli impianti più grandi, superiori a 30 kW. Inoltre, è necessario tenere conto della protezione dei monumenti e, in alcuni luoghi, può essere richiesta una licenza edilizia. Anche se nella maggior parte dei casi non dovrebbe essere necessario, non fa male chiedere al comune o all'ufficio locale come misura precauzionale.

Dopo il completamento del sistema, l'ubicazione e le prestazioni devono essere comunicate all'Agenzia federale della rete. In caso di dimenticanza, possono essere applicate sanzioni retroattive.

Come arriva l'elettricità alla rete?

La corrente continua generata dai moduli viene convertita nella normale corrente alternata di rete tramite un inverter e l'impianto solare viene collegato alla normale rete a 230 volt. L'energia elettrica generata dall'impianto fotovoltaico viene utilizzata in qualsiasi momento, sia nella propria abitazione che attraverso la rete elettrica pubblica, attraverso le abitazioni della zona.

Quanto dovrebbe essere grande un sistema solare per una famiglia?

Per una famiglia di quattro persone, si può prevedere un totale di 3.500-4.500 kWh di elettricità all'anno se non si utilizza l'elettricità per il riscaldamento o l'acqua calda. A seconda del tipo di cella, per generare questa quantità di elettricità è necessaria una superficie del modulo di 30-40 m^2. Ciò corrisponde all'incirca a una potenza del sistema di 5 kWp. Se la superficie del tetto consente una resa maggiore, è possibile utilizzarla in base alle esigenze del cliente.

Il fotovoltaico non è troppo costoso?

Il sistema sottostante è considerato maturo e, a causa della pressione competitiva globale, i prezzi sono scesi significativamente negli ultimi anni. Tuttavia, le ulteriori riduzioni di prezzo dei moduli solari sono così ridotte che vengono quasi completamente compensate dal tempo di lavoro dell'installatore, che è diventato più costoso nel corso degli anni.

Ci sono opportunità di finanziamento?

Esistono prestiti agevolati a livello nazionale da parte delle Corporazioni per i prestiti alla ricostruzione. Inoltre, in alcune comunità esistono finanziamenti regionali. Vale la pena chiedere all'Ufficio del cittadino o all'ufficio locale.

Vale ancora la pena investire in un impianto fotovoltaico?

Investire in un impianto fotovoltaico conviene, soprattutto per l'autoconsumo. Nella maggior parte dei casi, l'elettricità autoprodotta è più economica di quella acquistata dalla rete pubblica. Inoltre, per l'elettricità non consumata e immessa nella rete pubblica, si riceve una tariffa di alimentazione garantita dallo Stato per 20 anni.

Si deve pagare un sovrapprezzo per l'uso personale?

Il sovrapprezzo sarà applicato su una parte dell'elettricità utilizzata dall'utente stesso. Questo vale per i sistemi di potenza superiore a 10 kWp. La maggior parte degli impianti costruiti su case monofamiliari hanno una potenza inferiore a 10 kWp e sono quindi esenti dal sovrapprezzo.

È possibile influenzare la redditività dell'impianto fotovoltaico?

L'autoconsumo più elevato possibile dell'elettricità autoprodotta può aumentare la redditività del sistema, perché questa aumenta con una percentuale crescente di autoconsumo. Quindi, consumate più elettricità quando c'è il sole che nelle ore serali. Se ciò non è possibile a causa del lavoro, ad esempio, una batteria per l'accumulo temporaneo giornaliero può essere una soluzione per aumentare l'autoconsumo.

Vale la pena installare un impianto fotovoltaico anche se il tetto non è esposto a sud?

Un orientamento est-ovest potrebbe essere più sensato, poiché la maggior parte dell'elettricità generata viene utilizzata quando qualcuno è a casa. Al mattino il sole si trova infatti a est e la sera a ovest, il che rende l'orientamento est-ovest particolarmente interessante per chi lavora.

Ha senso acquistare oggi un impianto fotovoltaico per poi riadattarlo con l'accumulo di batterie in un secondo momento?

Un impianto fotovoltaico può essere integrato in qualsiasi momento con una batteria di accumulo. Tuttavia, l'installazione simultanea di un sistema di accumulo e di un impianto fotovoltaico è più conveniente, non solo per i minori costi di sistema (i dispositivi combinati sono più economici), ma anche per i minori costi di installazione, se l'artigiano non deve venire due volte.

Il reddito derivante dall'immissione in rete è tassabile?

Sì, il reddito derivante dall'esercizio di un impianto fotovoltaico deve essere considerato ai fini fiscali e deve essere comunicato all'ufficio delle imposte competente. Si consiglia di chiarire i dettagli con il proprio consulente fiscale.

Il gestore della rete deve acquistare l'elettricità?

Sì, il gestore della rete non solo è obbligato per legge ad acquistare l'elettricità, ma anche la priorità di connessione e la remunerazione sono regolate dalla legge.

Conclusione

Mentre il mondo continua a cercare energie alternative per contribuire a risanare l'atmosfera mondiale, le fonti di energia rinnovabili sono molto richieste. Ogni nazione sta attuando strategie diverse per combattere l'aumento delle temperature nel corso degli anni. Con la crescente disparità della crisi energetica, trovare alternative ai combustibili fossili è più importante che mai.

L'energia solare non solo è rinnovabile, ma è anche facilmente disponibile. L'estinzione del sole non è prevista prima di 14 miliardi di anni, quindi possiamo contare sull'energia solare ogni giorno fino ad allora. L'energia solare fa bene anche all'ambiente. I pannelli solari durano dai 15 ai 25 anni, e molti superano questo periodo. Con l'evoluzione della tecnologia e i materiali per l'energia solare sempre più economici, è solo questione di tempo prima che il mondo sviluppi una tecnologia solare per quasi tutte le applicazioni.

I pannelli solari funzionano utilizzando i fotoni per creare un movimento di elettroni, che genera energia. L'energia viene tradotta in corrente continua e richiede un inverter per essere trasformata in corrente alternata, l'energia più comunemente utilizzata nei grandi elettrodomestici e nelle apparecchiature. Quando si aggiungono pannelli solari a qualsiasi superficie piana, è necessario utilizzare sempre una scaffalatura adeguata. Se non è fissato correttamente, il pannello solare potrebbe danneggiarsi facilmente in caso di condizioni atmosferiche avverse. Il regolatore di carica regola il flusso di energia dai pannelli solari alle batterie. Senza un regolatore di carica, l'energia immessa nelle batterie potrebbe causare un sovraccarico, rendendole inutilizzabili.

Se vivete in un luogo in cui la luce del sole è costante, potreste essere in grado di alimentare l'intera casa o le attrezzature mobili utilizzando pochissimi pannelli, riducendo così la vostra bolletta energetica. Poiché l'energia solare sta diventando sempre più avanzata, alimenta anche il riscaldamento e l'illuminazione e ricarica i dispositivi elettronici indossabili.

Tuttavia, come per ogni aumento, c'è anche un calo. I pannelli solari sono spesso costosi da installare inizialmente. Sebbene richiedano una manutenzione minima, dopo l'installazione iniziale potreste sentire una stangata sul libretto degli assegni. I pannelli solari sono inoltre estremamente dipendenti dalle condizioni atmosferiche. I fotoni possono ancora passare attraverso le nuvole nelle giornate uggiose, ma non hanno la stessa efficienza. Pertanto, se vivete in un'area prevalentemente piovosa, i pannelli solari potrebbero non essere la scelta giusta per voi. Le batterie non sono l'opzione più economica e possono costare parecchio se si devono sostituire spesso. I pannelli solari hanno anche provocato incendi selvaggi, incendiando letteralmente la fauna selvatica, anche se questo non è così comune con gli impianti più piccoli. Infine, i pannelli solari sono difficili da demolire. Contengono il minerale cadmio, che è tossico e può disperdersi nell'ambiente quando la pioggia cade sui pannelli rotti. Finché non si troverà un modo più sicuro per smaltire i pannelli solari, questi rimarranno dannosi per l'ambiente se non vengono smaltiti correttamente.

Quando si costruisce una stazione di energia solare mobile, utilizzare un supporto per tenere i pannelli solari e le batterie. Si tratta di una delle configurazioni più semplici da costruire, in grado di alimentare l'elettronica in qualsiasi luogo. Anche il montaggio di pannelli solari su auto e camper è molto diffuso e diventa sempre più facile. Poiché molte persone sono in viaggio per centinaia di ore all'anno, i pannelli solari tendono a richiedere maggiore attenzione e manutenzione. Infine, l'installazione di pannelli solari su una barca richiede una seria riflessione. Sebbene sia facile installare i pannelli su un'imbarcazione come qualsiasi altro impianto, essi richiedono una maggiore attenzione ai dettagli. È necessario tenere tutte le attrezzature, tranne i pannelli solari, sottocoperta per garantire che siano stivate al riparo dall'acqua e dalla salsedine, che potrebbero erodere i pannelli.

Per la realizzazione del vostro sistema, usate la vostra immaginazione. I progetti presentati in questo libro forniscono suggerimenti e consigli, ma spetta a voi decidere come costruirli. Ricordate di fare acquisti quando si tratta di materiali. Se non vi guardate intorno, potreste non rendervi conto dei tesori che potete trovare sul mercato dei pannelli solari.

www.ingramcontent.com/pod-product-compliance
Lightning Source LLC
LaVergne TN
LVHW082033051026
849532LV00011B/3339